DESIGN TECHNIQUE
FOR
BUSINESS
DOCUMENTS

増補改訂版

「伝わる資料」デザイン・テクニック

渡辺克之

ソーテック社

はじめに

黄金ルールで思いが伝わる資料にする

仕事を進める上で「資料を作る」ことは欠かせません。「説明中心だが図解があるといい」「写真を入れて商品コンセプトを説明したい」「販売データの実績と予測報告書を作りたい」など、さまざまな人が多様な用途と考えでビジネス資料を作ります。

その際、ほとんどの人は、先輩が作った紙面を真似たり、雑誌やネットからヒントを得たりして、自己流で資料を作っていることでしょう。にもかかわらず、注ぎ込んだ労力に比べて、出来上がった紙面の満足度の低さにがっかり…。こんな経験は、だれにでもあるはずです。

本来、紙面のデザインは、個人の力量に依存します。ただし、メッセージを効果的に伝える見せ方があります。「こう配置して、こう見せれば、こう感じてくれる」といったルールのようなものです。

フォントの使い方、段落の組み方、色と図形の見せ方、写真やグラフの訴え方。同じ構成や同じ方向性でも、要素の選び方と使い方、紙面の作り方によって、見え方は違ったものになります。紙面をレイアウトするときに大切なのは、それぞれの素材の役割を意識しつつ、メッセージを伝えるのに最善なテクニックを選び、的確に使うことです。

本書は、Officeアプリだからこそ使える黄金ルールをまとめました。レイアウトの基本となることから、わかりやすく伝わる資料を作るためのデザイン・テクニックを紹介しています。掲載した作例は、○×やGood、BeforeとAfterのキャッチとともに、結果の違いを目立たせてテクニックの効果が実感できるようにしました。

また、Part5には、効果的なデザイン・テクニックをレシピ集として用意しました。ダメな箇所を修正することで劇的に変身する紙面デザインをご覧いただければ、今日から役立つ情報になるはずです。

だれもが「読みやすく」「わかりやすく」「美しく」デザインしたいと考えています。少しだけデザインの理解を深めれば、「伝わる資料」に変身することでしょう。

本書で紹介したいくつかの黄金ルールを参考にしていただき、日々のビジネス資料作りに活用していただければ嬉しく思います。そして、本書が皆さまの仕事に役立つことを願っております。

2021年8月

著者しるす

CONTENTS

3 「文字」という情報を適切に扱おう ······· 47

書体と文字組みを知っておく

読みやすくわかりやすい文章にする

4 思いが伝わるデザイン力を身に付けよう ······· 81

メリハリのある資料に変身させる

読み手の視線を誘導する

5 「伝わる化」スピード解決レシピ ···················· 123

とにかく文字を読みやすくする

パッと見てわかる図解にする

意図が伝わるグラフを作る

整理された表組みにする

1

まずは
思考の整理から
始めよう

わかりやすい資料は、作り手の考えが整然とデザインされています。資料の意図が正しく伝わるように思考の整理から始めましょう。

1 説明するとはどういうことか？

Key word
▼
説明

仕事をスムーズに進める上で、プレゼンや報告、確認するための資料は欠かせません。時間をかけて作った資料なのに、相手はチラッと目を通しただけだったり、明確な評価がないまま終わったりしていませんか？　希望通りに相手が動いてくれるような、正しい**説明**をしましょう。

相手が動くような説明をする

一生懸命に説明したにも関わらず、反応が薄い理由としては、「そもそも説明した内容が伝わっていない」「伝わっていても、相手が行動を起こすような伝わり方をしていない」のいずれかが考えられます。

普段、物事を説明するときには、

❶ 説明して「伝える」
❷ その内容が「伝わる」
❸ その結果、相手が「動いてくれる」

という3つのプロセスを意識する必要があります。

一方的に情報を話すのが「伝える」。その情報を相手が理解することで「伝わる」。そして、相手が判断を下せるだけの内容が伴って「動いてくれる」となります。

ビジネスの世界では、相手が行動して初めて結果が出ます。企画提案やアイデア披露における資料を「伝える」ときは、相手が動こうとするだけの強いメッセージを込めて「伝える」ことで、相手が自発的に「動いてくれる」のです。

自分の意見の正当性ばかりを強調して説得しようとしたり、見栄えのよい演出を駆使して相手の共感を引き出そうとすることが、説明することではありません。
ビジネスにおける説明とは、「相手を動かす」ために行う行為なのです。

話しただけでは、単に「伝えた」に過ぎない。相手が動こうとするだけの強いメッセージを込めて「伝える」ことが大切だ

相手が共感して「○○してみよう」となったとき、初めて伝わったことになる

2 | 何のために資料を作るのか？

Keyword
▼
目的

説明とは、相手に動いてもらうために行うもの。であれば、プレゼンや説明会、講演といった資料作りの**目的**も「相手を動かす」ことにあります。「商品を購入してもらう」「賛同して資金参加してもらう」ためには、相手の心がストンと腑に落ちる資料であることが求められます。

ゴールを設定し、ストーリーを描く

資料作りの第一歩は、「最終的にどんな行動をしてもらいたいか」というゴールを設定することから始まります。

ゴールは「具体的に」「明確に」「1行で」書き表しましょう。具体的な言葉があれば、曖昧になりがちな思考の方向をその都度修正できます。

さて、目的という「ゴール」が決まったら、読み手をそのゴールへ導くストーリーを描きます。そこで大切になるのが、現状と理想を述べ、そのギャップを解消する内容を入れることです。

何が問題で、何が必要で、何をしたらよいかという情報は、現状を評価するもの。そして「こうなる」という情報は、理想を表すものです。理想を実現するためには、何を理解し、実行してもらいたいのかを明らかにしましょう。

企画書や提案書に限った話ではありません。この心構えをしておけば、事実だけを伝える調査報告書のような場合でも、相手から意見を求められた際にも即座に説明できるはずです。

見栄えだけを気にし、薬にも毒にもならない文言を並べるだけでは、目的というゴールにたどり着くことはできません。

資料作りのステップ

1 目的を書き出し、

2 ストーリーを作り、

3 ゴールに導く。

GOAL

ストーリー

資料の中に、
相手をゴールへ導く
ストーリーを描いておく

3 | 誰に向けて資料を作るのか？

Key word
▼
対象者

資料を作る目的が整理できたら、「誰に伝えるのか」をはっきりさせましょう。説明やプレゼンの相手である**対象者**を曖昧なままにしておくと、論旨がブレたり矛盾が出たりして、説得力も高まりません。書き方や体裁に気を配り、対象者が気持ちよく読める資料に仕上げましょう。

▌対象者を意識して資料を作る

　顧客への企画提案であれば、担当者やその上司が対象者になりますので、知識や性格、嗜好を考慮して「結論を先に説明する」「キーカラーに好みの色を使う」などを考えます。

　会場を使った参加者向けのプレゼンであれば、ケーススタディや将来展望・予測といった、参加者自身が投影できるネタで興味を引き出すのもいいでしょう。

　上司から依頼された提案書であれば、背景や現状は省き、核心部分だけを記述します。プロジェクトのミーティング資料であれば、共通意識の下で写真や図版、分析グラフ1つで打ち合わせすることもできるでしょう。

　同時に、対象者の評価基準を知っておくことも重要です。新商品の開発ヒントが欲しい人。海外販売のチャネルが知りたい人。投資コストや費用対効果、実行手順を改善したい人など。

　立場と状況が異なる相手の評価基準がわかれば、それを意識して資料を作ることで提案は通りやすく、内容はわかりやすいものになっていきます。

　要約ページを作っておく。予算を記載しておく。改善策の効果測定を出しておく。参考資料を添付しておく。特に社外プレゼンでは、決裁者の人間性や組織内の事情といった立ち位置を考えて、対象者がゴーサインを出せる資料に近づけましょう。

資料の対象者が明確だと、作り手と読み手の双方に有益な情報がデザインされ、効果的に伝わるようになる

同僚　　〇〇部長

〇〇社長　　上司

仕入先

お客様

ユーザー　　聴講者

来場者

4 | 相手が期待する内容になっているか？

Key word
▼
説得力

「言っていることはわかるんだけど…」「結局、コッチはどうすればいいの？」こんなことを言われた経験はありませんか？　**説得力**がない資料は、相手が期待する内容になっていないことがほとんどです。相手が動くことのメリットを添えて、資料の説得力を高めてください。

相手の期待に応える資料を作る

　図解されていてグラフがある。箇条書きで見た目も読みやすそう。写真の雰囲気もいい。しかし、実際に読んでみると、正論ばかりで深みのない内容が続く。このような資料のほとんどは、読み手が「なるほど！」「○○○してみたい」と思うメッセージが入っていません。

　ビジネス資料を作る目的は、相手を動かすこと。ゴールとする目的に向けて相手を行動に駆り立てるには、

> 相手が動きたいと思う理由を作り、
> 適切なメッセージを乗せて、
> 読み手に納得してもらう

必要があります。

　相手は、自分が思うほどあなたに興味を持ってはいません。「説明すればわかってもらえる」といった甘い期待は捨て去ることです。
　また、プレゼンの現場では、外部の生活音や個人的な予定、空調や天気など、読み手の資料への興味を削ぐ誘惑がたくさんあります。

　そんな手ごわい相手を振り向かせるには、自分が言いたいことを声高に叫ぶより、相手が動きたいと思う理由を作り、「説明を聞きたい」「内容を知りたい」「それをやってみたい」と思わせる方が重要です。

● 説得力あるメッセージの伝え方

1 相手の行動の必要性
（なぜそうして欲しいのか）

↓

2 相手の行動の方向性
（どうして欲しいのか）

↓

3 相手の行動のメリット
（または動かないデメリット）

↓

4 相手が動きたくなる動機
（興味や関心）

↓

相手が動く理由を添えて
資料の説得力を高める！

5 見せる資料を作るには？

Key word
▼
見せる資料

ビジネスの現場では、短時間で内容を理解し、評価し、次の行動に移す必要があります。資料の中身を把握するのにも、できるだけ時間と労力をかけたくありません。文章を読ませずに、見た目でわかる（ような気がする）、パッとわかる資料が求められます。いわゆる「**見せる資料**」です。

▌図解して伝える

　「見せる資料」とは、文章表現に固執しない資料です。どんなに表現に優れ、示唆に富んだ言葉を駆使しても、回りくどいようなら読み手は「わかろうとする努力」を放棄します。箇条書きにしたり、文節を短くすることでも可能ですが、読むより見る方が直感的に頭に入ってきます。

　総じて、文章で伝えるよりも写真やグラフ、図解といったビジュアルで伝える方が、理解度、印象度、効率性において優れています。これらの情報要素を使えば、何を言いたいのかが「一目でわかる」紙面（スライド）になっていきます。

　そこでは迷わず大胆に図解することをお勧めします。図解は、論理的に展開する情報を視覚で感じることができるため、頭にスッと入り記憶に残ります。文字を読ませる文章に比べ、図解から感じるイメージが想像を膨らませるので、多くの情報が理解できるようになります。

　そして、作る側にとってもぼんやりした考えをはっきりさせ、論旨の矛盾を発見できるといった効果があります。図解を作りながら、思考をブラッシュアップできるというわけです。

　短時間で内容を紹介し、実現できるイメージを伝えなければならないビジネス資料。図解は「見せる資料」を作る有効な方法です。

見るだけでわかる資料は、コスパ抜群のビジネス資料だ。付け足したい情報は、会話や演出で補えばいい

6 情報をデザインする

Keyword
▼
デザイン

デザインとは情報を整理して、正確に、わかりやすく視覚化することです。メッセージを乗せて相手に届け、目的の行動をしてもらうように背中を押すのがデザインの役割です。ビジネス資料のデザインにおいては、カッコよさよりもわかりやすさを第一に考えましょう。

わかりやすくデザインする

文章や図版といった情報要素を紙面に配置するのがレイアウトです。レイアウトは情報要素の選択と配置、大きさや強さ、位置や距離、色などを調整することで、いろいろな意味を持たせることができます。

また、図解を含めたビジュアル的なレイアウトは、感覚的ですが印象に残ります。文章は意味の理解に手間取りますが、正確かつ明確です。

同じ構成や同じ方向性でも、要素の選び方と使い方、紙面の作り方によって、見え方は違ったものになります。レイアウトで大切なのは、それぞれの役割を意識しつつ、メッセージを伝えるのに最善なテクニックを選び、的確に使うことです。

どのようなときに、どのようなテクニックを使えばいいか、一朝一夕には習得できません。でも悲観することもありません。普段のビジネスで必要となる紙面デザインのほとんどは、作り手の意図を伝える「さりげない紙面」です。

そこで求められるのはプロのデザインではなく、「メッセージをわかりやすく伝える」ことです。そして、「これを伝えたい」という作り手の思いが、デザインの意図として表現されていることの方が重要です。

ビジネス資料は、「わかりやすさ」が一番大事だ。カッコいいデザインにばかり気を取られないように

7 | 思い切ってシンプルにする

Key word
▼
シンプル

デザインは、個人の技量に負うところが大きい作業です。センスよく仕上げるに越したことはありませんが、美しさや情報量にこだわると、資料作りの目的が疎かになります。誘惑を振り切って**シンプル**に作ることをお勧めします。ムダが省かれると、言いたいことが明確になるからです。

▌伝わる資料はシンプルだ

文字の見えやすさ（視認性）と文字の読みやすさ（可読性）を高めていくと、レイアウトは整然としてすっきりした印象になっていきます。これは、入れるべき情報を取捨選択しながらレイアウトするからです。

内容がスッと頭に入ってくる資料は、間違いなく文章と図版の位置、言い回しや体裁が整っています。つまり、情報が整理されているのです。

長い文節より箇条書き。数値の列挙よりグラフ。上手い文章より実際の写真や図解。そして、紙面を埋める情報を減らしつつ、論理的な流れが表現されている。そんな紙面であれば、誰が見てもわかるはずです。

そのようなデザインにするためには、残すものと削るものを行き来しながら吟味しなくてはなりません。情報を選りすぐり脂肪を削ぎ落とした先に見えるのが、「シンプル」な見え方です。伝わる資料、わかる資料は、総じてシンプルな作りになっているものです。

作り手が思うより、文章が少ないことは概して相手に好感が持たれます。資料作りでは、情報を入れる安心より捨てる勇気のほうが大切なのです。

言いたいことが頭で整理されているならば、シンプルなデザインの方がいい。少ない情報は、誰からも好感が持たれる

8 | 3つのルールを使う

Key word
▼
ルール

ビジネス資料の紙面をレイアウトするということは、目的を達成するために最適な方法で見せるということです。「伝えたいメッセージは何か？」「それが最も効果的に伝わるテクニックは何か？」3つのルールに則ってデザインを考えると、わかりやすい資料に近づきます。

基本となる3つのルールを守る

デザインの工夫次第で資料の読みやすさが高まりますが、共通する基本的なルールがあります。本書のPart 2では、相手に伝わるレイアウトにするための3つのルールを紹介しています。

ルール1 見た目を「シンプル」にする
ルール2 すぐに「全体」が見えるようにする
ルール3 適度に「ビジュアル化」する

この3つのルールは、企画書や提案書、それに準じる大抵のビジネス資料作りで利用できます。そのルールに則って、ページ構成やストーリー展開をはじめ、文章や図版、配色といったディテールのデザインを行ってください。

Part 4以降では、さまざまなケースを想定した多くのテクニックを紹介しています。ご自身のビジネス資料のデザインでご利用いただけると思います。

レイアウトには、情報を発信する目的を達成するための必然性が必要です。その必然性、つまりメッセージを相手に感じさせることができれば、レイアウトの役割が果たせたと言えるでしょう。

シンプルに、全体を意識して、ビジュアル化する。この3つのルールに従ってデザインすると、メッセージがはっきりと強く伝わるようになる

▌3つのルールでデザインを考える

　資料を作るに当たっては、メッセージが最も効果的に伝わるデザインにする必要があります。箇条書きで伝えるか、写真で事実を見せるか、どこを強く伝えるかは、資料の作り手に委ねられます。いずれの場合でも、3つのルールを適用して作成してください。

　冗長な紙面からはメッセージが見えづらいのですが、シンプルで、全体が見渡せて、ビジュアル化された紙面であれば、資料の表情があらわになります。そのような紙面こそ、読み手が好感を持ってくれる資料なのです。

✕ 文字で埋め尽くされた資料は、敬遠される。読み手の心理は、「読みたくない→わからない→プレゼン失敗」となる

〇 箇条書きを中心にしたシンプルなレイアウト。簡潔な文言で説明しているので、読み手はすぐに要点を理解できる

〇 矢印を使って流れを作り、論理立てて説明している雰囲気が伝わる。読み手は全体がつかめやすそうな期待が持てる

〇 文章は多いが几帳面なレイアウト。グラフと表、写真の3つのビジュアル要素を入れて、内容をつかみやすくした

2

基本を押さえて
伝わる資料に
しよう

レイアウトとは、情報を整理して
わかりやすく視覚化することです。
メッセージが正しく伝わるように、
レイアウトの基本を押さえておきま
しょう。

9 | 紙面やスライドをレイアウトする

Key word
▼
レイアウト

情報を整理整頓すると、読みやすくなり美しさも出てきます。正しく**レイアウト**すると、秩序と流れが生まれてメッセージが届きやすくなります。いろいろな意味を持たせることができるレイアウトは、誰にどのようなメッセージを届けるかを吟味して行う必要があります。

■ デザインが必要なわけ

　誰かに何かを伝えるときは、きちんと整理して見せる必要があります。それが正しく伝わる最善の方法だからです。

　デザインとは情報を整理して、正確に、わかりやすく視覚化することです。メッセージを乗せて相手に届け、目的の行動をしてもらうように背中を押すのがデザインの役割です。

　そして、情報をより効果的に伝えるためには、情報の受け手をよく理解しておくことが欠かせません。性別や世代、地域や嗜好など、どのようなターゲット層に向けて情報を発信するかによって、表現方法を変える必要があります。

　また、情報を視覚化するときは、受け手が興味を持つ色やイメージ、表現方法などにこだわることでデザインの役割が果たせます。

　柔らかい印象で見せるか、正確な情報をアピールするか、会話をしてカジュアルにプレゼンするか。そのときどきの目的で最適な表現が求められます。

　デザインの役割を理解し、受け手に合わせた最適な表現をすれば、伝わる資料・わかりやすい資料に近づいていきます。

● 情報の受け手に合わせた表現が大切（例）

男性に向けた表現
↳ 骨太なフォント、劇画タッチのイラスト

女性に向けた表現
↳ 柔らかなフォント、エレガントな写真

若い人に向けた表現
↳ カジュアルでポップ、にぎやか

年配の人に向けた表現
↳ シックで優雅、落ち着いた雰囲気

● デザインの役割は情報を伝え、行動してもらうこと

情報の発信者

情報を
伝える

例えば、
❶ 企画書なら…アイデアを理解して
❷ 報告書なら…報告内容に納得して
❸ 商品告知なら…商品名を知って
❹ イベントなら…イベントを知って

情報の受け手

行動
する

❶ 採用・実行してもらう
❷ 改善・推進してもらう
❸ 認知・購入してもらう
❹ 来場・参加してもらう

情報発信の目的

情報要素を配置するレイアウト

ビジネス資料を作る上では、**レイアウト**という作業が必要です。レイアウトとは、紙面やスライドに情報要素を配置する（割り付ける）ことです。

ビジネス資料で扱う情報要素は、文章と図解、表とグラフ、イラストと写真がほとんどです。これらの情報要素の選択を始めとして、大きさや強さ、位置や距離、色などを調整してレイアウトを行います。

重要なのは、要素の配置の仕方でいろいろな意味を持たせることができることを踏まえ、目的に合ったレイアウトにすること。伝えたい内容を最良の方法で表現してメッセージを伝え、目的にたどり着くようなレイアウトをしなければなりません。

● 情報の受け手を考えてレイアウトする

（例）

新しい保険の商品開発企画なら…
安心感や誠実さがあふれるレイアウト

大人の隠れ家レストランの企画なら…
思わせぶりでユニークなレイアウト

新しいスマホアプリの提案なら…
楽しく元気さが感じ取れるレイアウト

新刊書籍の案内イベントなら…
キャラクターイラストで人目を引くレイアウト

メッセージをわかりやすく伝える

レイアウトを考える際には、「ビジュアルの素材がない」「文字しか使えない」「インパクトを最も重視したい」といった制約や要望があります。その意味では、レイアウトのアイデアは無限にあります。

どのようなレイアウトでも、**メッセージ**をわかりやすく伝えることが大切です。右のような点を意識することで、意図するメッセージが正しく伝わることでしょう。

いずれの場合でも、基本は「相手に何を伝えるか」に尽きます。むやみに写真やイラストを使うのではなく、読み手に伝えたい目的を考えて最適な情報要素を選び、レイアウトすることが大切になります。

● レイアウトのポイント

見やすいこと

見やすいレイアウトは、主張が明確で端的に表現されています。余白（ホワイトスペース）を使ってすっきり見せたり、罫線で視線を誘導したり、配色でイメージを伝える工夫を行います。

美しさが感じられること

情報を詰め込みすぎず、デザインに懲りすぎず、「読んでみよう」と思わせる印象を作ります。秩序があり、イメージに合った構成や配色が施されていると、美しく感じられます。

メリハリがあること

限りあるスペースと時間の中では、扱う情報に優先順位というメリハリをつけることが大事です。「写真で大胆に見せる」「キャッチコピーで誘う」「同種の情報は表にまとめる」など、簡潔にする部分と強調する部分をはっきりさせるとメリハリが生まれます。

10 | レイアウトの要素を理解する

Key word
▼
情報要素

レイアウトするための情報要素は、**文章（文字）**と**図版**に分けられます。読むために並べる文章は、正確に情報を伝えます。一方の図版はイメージを伝えることができます。この意味を的確に表現できたレイアウトは、メッセージの意図が感じられて読み手の心に伝わるようになります。

▌ 文章と図版を使い分ける

情報を正確に伝えるには、言葉が最も有効です。タイトルやリード文、見出しや本文など、文字の役割に合わせて強弱や優先度を付けてレイアウトすることで、情報が整理されて受け手に伝わります。フォントの種類や文字の大きさ、字間と行間、文字組みによってもイメージをコントロールできます。

一方、文章では伝えきれない情報を視覚化するのが図版です。「開放的なビーチ」と文章で書くより、青い空と白い砂浜が広がる写真を見せた方が、直感的に受け手に伝わります。伝えたい内容と効果的に伝わる最適な表現手段を考えて、図解（図形・図式化）、表、グラフ、写真、イラストといった情報要素を選びます。

▌ 要素の選択と配置に意味を持たせる

仮に、和風レストラン出店の企画書を考えてみましょう。

例えば、「和風」という言葉をポンと置いて、「情報の受け手の想像力を掻き立てる」「静寂な庭園の写真で雰囲気を伝える」「竹林、和傘、着物などのイラストでコンセプトを明示する」など、いろいろな表現方法が考えられます。

また、文章で見せる場合でも、タイトルに使うかリード文に使うかで伝わり方が違います。

どの情報要素を主役・脇役にするかは、設定するテーマや情報の受け手によって変わります。**情報要素の選択と配置**に意味を持たせ、多くのテクニックの中から的確に表現するためのベストな方法を見つけ出し、レイアウトすることでメッセージは正しく伝わります。

● 文章と図版が入った資料の例

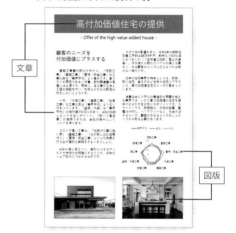

文章

図版

● 情報要素の扱い方（見せ方）でレイアウトが異なる

情報要素		役割と扱い方
文章（文字）	タイトル	ストーリーが始まる重要な部分。目立つ工夫、印象的な見せ方をする
	リード文	短時間で興味を持たせる部分。内容を要約して本文へ誘う
	見出し	段落ごとに用意するのが一般的。要約やキャッチーな役割を持たせる
	本文	説明の主たる文章。読みやすさを最優先してレイアウトする
	キャプション	図版を補足する説明文。本文より小さくレイアウトする
図版	図解	図式化した解説。図形を使って意図した内容を表現する
	表	情報を縦横に並べて整理整頓する。罫線の有無で雰囲気が変わる
	グラフ	数値を視覚化して数量や関係性を表す。種類で表現内容が異なる
	写真・イラスト	写真で実物や事実を見せたり、イラストでイメージを表現する

情報要素を扱うときのポイント

どのようにレイアウトを作るか。それは「誰に何をどのように伝えるか」ということであり、作り手が自由に創作して構いません。そこに決まった答えなどはありません。

しかし、少なくとも「どうすれば正しく伝わるか？」「どうすれば印象に残るか？」という問いに対しての、効果的で即効性のある解決策は存在します。

例えば、文章をやめて図解する場合、大きさや位置、向きや形状、色や線の太さなど、ルールに則って図形を作り配置することで、見違えるほどわかりやすくなります。

以下、情報要素を扱うときの基本的なポイントをまとめました。これを参考にして、理想のレイアウトに近づけてみてください。

意図のあるレイアウトは、読み手に伝わる。
簡潔な情報ほど、相手の印象に残りやすい

● 情報要素をレイアウトするときの考え方と方法（例）

情報要素	情報要素を作るときの考え方	具体的なレイアウト方法
文章	①長い本文は箇条書きにしてみる ②タイトルや小見出しを付ける ③口調を統一する（である調/ですます調） ④文字をアイキャッチとして活用する	①本文のフォントとサイズを決める ②フォントの種類は2〜3種類に抑える ③見出し、本文、キャプションごとにフォントを統一する ④段落記号と字下げの有無を統一する
図解	①四角形や矢印などの基本図形を使って図解する ②各種の図形を組み合わせて図解する ③他の情報要素と組み合わせて図解する ④図形の作り方などに統一したルールを設ける	①組み合わせた図形の意味を証明する ②流れと読み手の視線を意識して配置する ③図形の大きさと罫線の太さ、位置関係で強弱や優先度を変える ④色を付けて見栄えをよくする
表	①項目数が多いときは表にする ②解説する数字が多いときは表にしてみる	①極力、縦罫線を使わないようにする ②見出し行や隔行で色を塗り、アクセントを付ける ③項目数が多いときは罫線の種類を変えてみる
グラフ	①メッセージに合う最適なグラフを選択する ②視覚効果を高めるためにグラフにする ③数値の差異を強調するためにグラフ化する	①グラフデータは精密である必要はない ②強調や存在感を考えて適度な見栄えに加工する ③1ページでの挿入点数は2点までとする ④シンプルに強調するなら図形で表現する
写真・イラスト	①イメージを伝えるときに写真やイラストを入れる ②読み手のイメージが固定されるので用途に気をつける ③意味や理由のない場面では使わない	①適度なサイズに縮小して配置する ②切り抜きや裁ち落としでイメージを変える ③デジカメを使って自分で撮影する ④インターネットからダウンロードする

11 | 版面率と図版率を意識する

Key word
▼
版面率／
図版率

レイアウトの実作業は、文章や図版をどれくらいの面積で配置するか、といった**版面**(はんづら・はんめん)の扱い方になります。通常は必ず版面が想定されていて、伝えようとする情報要素は版面の内側に配置されます。周囲の余白をどれくらい取るかで、紙面の印象が変わります。

▎版面率で印象をコントロールする

章題や題名を入れる**柱**やページ数を表す**ノンブル**、辞書などによく見られる**ツメ**を除いた、文章と図版が入る部分が版面です。版面以外の余白であるマージンを広く取れば、版面は狭くなります。そして、紙面全体に占める版面の割合を**版面率**といい、版面率の違いで紙面の印象が大きく変わります。

版面率が低いレイアウトは、周囲の余白が多くなって落ち着いた印象になります。ページ内に盛り込める情報は減るものの文章量が少なくなり、読み手の心理的な負担を減らすことができます。

一方、版面率が高いレイアウトは、多くの情報を盛り込めるため、にぎやかで元気な印象になります。図版を使う場合は、大きく、たくさん扱えるため紙面にリズムが出ますが、文章が多いと窮屈な印象になることもあります。イメージ重視のプレゼン資料に向いています。

なお、版面の位置によっても印象は変わります。下方にあると安定感が出て、上方にあると軽やかですっきりした印象になります。このように、版面率は紙面の性格を決める重要な要素になります。

● 版面率が低いレイアウト。
　文字数が少なく、読みやすく感じられる

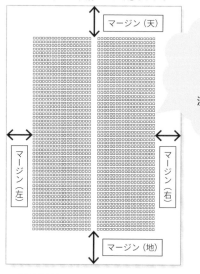

マージン（天）

マージン（左）

マージン（右）

マージン（地）

印象
▼
やさしい
ゆったり
穏やか
洗練された
格調高い

● 版面率が高いレイアウト。
　情報が詰まって、要素の密度が高まる

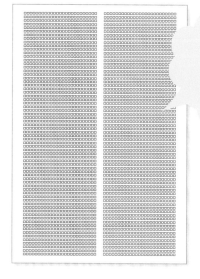

印象
▼
にぎやか
元気
楽しい
勢いがある

図版率を高めると、直感的になる

　紙面の雰囲気は、版面率だけでは決まりません。版面率が低くても写真などの図版が占める割合を大きくすると、ビジュアル感が強く出て能動的な感じになります。逆に、版面率が高くても図版が占める割合を小さくすると、静かで上品な感じになります。この紙面全体に占める図版の割合を**図版率**といいます。

　図版率が低いレイアウトの代表が小説で、挿絵がなければ図版率は0%になります。図版率が低いほど、読んでもらうことを重視した堅実な印象を与えます。

　一方、ファッション誌や絵本、図鑑などは図版率が高いレイアウトです。図版率が高いほど、内容を直感的にとらえやすくなるので、イメージで訴求する紙面に効果的です。

　また、週刊誌や情報誌は文章と図版がほぼ等しいレイアウトです。文字情報と図版の双方を伝えられて、読み手の視線の流れも作りやすいレイアウトです。

　なお、図版率が低い紙面では、文章がスムーズに読めるように文字サイズと行間、見出しを調節するといいでしょう。文字量が多くぎっしり詰まってしまう場合は、マージンを広く取って版面率を下げると、混雑感が少し緩和されます。

　このように、版面率と図版率でレイアウトの方向性を決め、基本テクニックをバランスよく活用することで、伝わる資料に近づけることができます。

● 図版率が低いレイアウト。
　じっくり読むことで、情報を理解できる

● 図版率が高いレイアウト。
　文章だけより、直感的に伝わってくる

12 見づらいレイアウトを解消する

Key word
▼
ルール

見る気がおきないレイアウトは、総じて「何となく見づらいなぁ…」と感じます。その原因は、「ごちゃごちゃして揃っていない」ことがほとんどです。統一感のないレイアウトは、そこに至るまでの根拠も曖昧にしてしまいます。情報要素を配置・表現するルールを作ることが大事です。

▍整列で安定感と整理感を出す

レイアウトはさまざまな情報要素から構成されます。これらの形状はさまざまですから、安易に配置するとデコボコになります。このままでは整理感に乏しく、情報そのものに不安を感じさせてしまいます。

各要素を規則正しく並べると、きれいに見えるだけでなく**安定感**が生まれます。これは伝わる資料にするための大きな条件です。

例えば、「見出しと本文の読み出し位置が揃っている」「離れた項目名の垂直位置が揃っている」「図解のメインキーワードが左右中央にある」など、要素を整列させるための少しばかりの努力が、紙面に**安定感**、読み手に**整理感**を与えます。どうということはない要素を整列させるだけでも、レイアウトの質に格段の違いが出てきます。

▍ルールを作ってバラバラ感をなくす

見た目が「なんかイイ感じ」の紙面は、間違いなく統一感があります。統一感があると、紙面に配置した要素がうまく調和して、共有したいメッセージが伝わってきます。見栄えがよくなれば、読み手が安心して気持ちよく視線を進めてくれます。

統一感のある紙面にするには、要素を配置するための**ルール**を設けます。同じ役割、同じ機能、同等の意味の文章であれば、文字のサイズ、フォント、文字量、書き出し位置を揃えます。同様に図版であれば、形状、大きさ、太さ、位置、距離、高さ、幅、色を揃えます。

● 揃っていないと、「わからない」「読みたくない」

● 揃っていると、「わかりたくなる」「読みたくなる」

● レイアウトに統一感を出すには、各情報要素の位置付けを明確にする"ルール"を設ける

文章を扱うルールの例
- 見出しに太いフォントを使う
- 段落ごとに見出しを入れ、本文は一字下げをしない
- 色ベタ白抜き文字で目立たせる
- 文章の書き出し位置は左揃えにする
- 写真の上に置く文字は袋文字にする
- キャプションの文字数を同等にする

図版を扱うルールの例
- キーワードを囲む図形は角丸四角形だけにする
- 罫線や飾り枠は同じ種類・太さのものを使う
- 社名ロゴやアイキャッチを常に同じ位置に入れる
- グラフを置く位置は左側、説明は右側にする
- イラストのテイストを複数混在させない
- 4つ以上の写真を並べる場合は、1つだけ変化を付ける

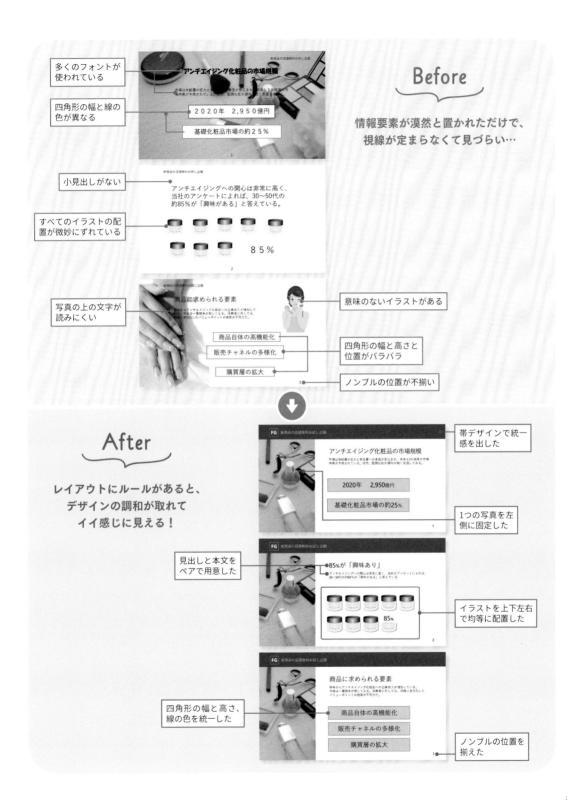

多くのフォントが
使われている

四角形の幅と線の
色が異なる

小見出しがない

すべてのイラストの配
置が微妙にずれている

写真の上の文字が
読みにくい

Before

情報要素が漠然と置かれただけで、
視線が定まらなくて見づらい…

意味のないイラストがある

四角形の幅と高さと
位置がバラバラ

ノンブルの位置が不揃い

After

レイアウトにルールがあると、
デザインの調和が取れて
イイ感じに見える！

見出しと本文を
ペアで用意した

四角形の幅と高さ、
線の色を統一した

帯デザインで統一
感を出した

1つの写真を左
側に固定した

イラストを上下左右
で均等に配置した

ノンブルの位置を
揃えた

13 | デザインの基本原則を知っておく

Key word
▼
基本原則

レイアウトとは、デザインの目的をはっきりさせた上で、文章や図版を「どこに」「どのように」配置するかを考える作業です。デザインの基本に整列・近接・強弱・反復の4つの原則があります。この4つのテクニックを覚えておくと、メッセージが明快になり伝わりやすくなります。

▌要素を整列させてきっちり見せる

レイアウトをするときに、最初に意識したいのが**整列**です。これは、複数の文章や図形などを意図的に整列させることです。

例えば、文章の読み出し位置が決まっていると、安心して目を向けられます。同じ種類の図形が規則正しく並んでいると、並列や同質の関係だと予想できます。

このように要素を整列させると、紙面が安定し、読み手に整理感と安心感を与えます。

つまり、要素を整列させるということは、単に美しく見せることではなく、要素同士の関係をメッセージとして表すことにもなるのです。

● 要素のここを整列させる！

・ 文章の読み出し位置を揃える
・ 図形の高さや幅を揃える
・ 図形の垂直・水平位置を揃える
・ 図形の大きさと形、色を揃える
・ 要素の間隔を揃える

■ 完璧に揃える

揃える作業は、文章や図形、写真やイラストなどのすべての情報要素に対して行ってください。

このとき重要なのは、

1ミリのズレもなくきっちりと揃える

ことです。

要素が微妙に揃っていないと不愉快に見えます。したがって、揃えるところは「完璧に揃える」のが鉄則です。

要素を正しく整列させると、メッセージが鮮明になってくる

近い・遠いで関係を明らかにする

要素の関係性を表すテクニックが**近接**です。要素を「何となく」配置してはいけません。関係の強い要素は近くに配置し、弱い要素は離して配置します。

こうすると、近い要素は1つのグループとして認識されます。一方、遠い要素は独立した情報とみなされます。

もし、AとBの要素が近くにあれば、2社の共同性や信頼性、2商品の類似性やラインアップといった性質を表現できます。Dが離れた位置にある場合は、新規性や独創性、異業種企業を表すことができるでしょう。

そのような意味を読み手が汲み取ってくれれば、内容が正しく伝わります。

近い・遠いで要素の意味を語る

例えば、写真とキャプションを近づけてレイアウトしてみましょう。そうでないレイアウトと比べて、「関係があるよ」と明示できることで、単純にわかりやすくなります。

写真が複数ある場合は、キャプションを一箇所にまとめるのではなく、それぞれの写真の隣に置くようにします。そうすると説明の曖昧さが消えて、写真の存在と意味が明確になります。

スペースが限られる紙面では、極力説明文を省きたいもの。特に図解する場合は、近接のテクニックを使いこなせば、説明文を入れなくても直感的に理解できるようになるでしょう。

● こんな意味合いを持たせられる！

要素の距離	近い	遠い
関係性	強い、親密、カジュアル	弱い、疎遠、フォーマル
時間	短い、最近、近々	長い、過去、未来
場所	近距離、近場、近郊	遠距離、遠方、郊外
階層	同等、同質、同種	特別、格差、他種

要素の形状	近い	遠い
色	同質、同種	異質、他種
かたち	同種、同系統	多種、他系統
サイズ	同種、同量	多種、格差

近い・遠いを意識してレイアウトすると、関係性がはっきりしてくる

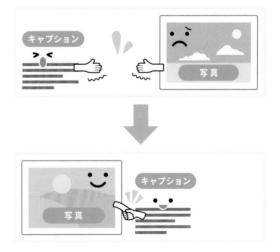

強弱を付けて優先順位を決める

　平坦なレイアウトは落ち着きがある反面、重要な箇所が見つけにくくなります。レイアウトするスペースにも限りがあるので、優先度の高い情報から読んでもらう方が効率的です。

　優先度の高い情報とそうでない情報は、はっきりと**強弱**を付けて差異を出しましょう。

　強弱を付けたレイアウトは、読み手にとっては読むべき箇所がすぐに見つかり、作り手にとっては、どうしても伝えたい情報を強くアピールできるというメリットがあります。

■ メリハリの効いた強弱を考える

　要素に強弱を付けるとは、それぞれの情報要素の役割を明確にして、メリハリの効いたレイアウトにするということです。

　具体的には、優先順位の高いものがより強調されるように、キャッチコピーや本文の文字サイズ、写真やグラフの面積や配色を調整していきます。

　当然、優先順位の高い要素は大きく強く扱い、低い要素は小さく弱く扱います。

　扱う文章や写真が基本的に同じでも、どこを強調するかによって表現方法が変わってきます。

　文字数が多い資料の場合は、新聞記事の作り方が参考になります。見出しで一番伝えたいことを言い、リード文で内容を簡潔にまとめ、本文で説明するのです。

　最も伝えたいことや重要なことを先に書くことで、最後まで読まなくても大体のことが理解してもらえるようになります。

● 強弱を付けるときは…

　・微妙な違いのサイズで作らない
　・大胆に極端に差異を付ける
　・強調する箇所を増やさない
　・余白を効果的に取り入れる

要素に強弱を付けると、
重要な箇所が自ずと目に入ってくる

要素を反復させて統一感を出す

反復とは、要素の色やかたち、サイズや線の太さ、フォントなどの視覚的な要素を、全体を通して一定のルールで繰り返すことです。

例えば、資料のどのページを見ても、

- タイトルと本文の位置が決まっている
- アイキャッチが常に右上にある
- 写真を共通パーツでシンボル化している
- 写真の並べ方を統一している

といったことです。

要素を反復させると、デザインに調和や統一感が生まれます。読み手は安心して目を通すことができ、落ち着いて読み解く余裕も出てきます。

■ レイアウトの意味が伝わる

反復のもう1つの効果は、読み手にレイアウトの意味が伝わることです。

例えば、重要な言葉が色ベタ白抜き文字になっていて、次のページも同じ場合は「じゃあ、白抜き文字は重要なんだ」と推察できます。

また、ページの最下行に、そのページの「結論」を必ず用意したり、グラフの右側に大きな文字のメッセージをペアで用意したりするのもよい手です。見せ方が決まっているので、読み手の負担は大幅に減ります。

レイアウトの意味が伝われば、読み手が勝手に内容を察知し、理解し始めてくれます。そうすると、読み手は立ち止まって考える必要がなくなり、資料をスムーズに読み進めることができるようになるのです。

● 反復させるときのポイント

リズムを刻む
リズムを刻むように繰り返すと、気持ちよく目で追える。

ルールを厳守する
反復のルールを守って、例外を作らないようにする。

同じ位置に同じ要素を置く
どのページでも「流れ」がパッと把握できるようになる。

要素の書式を揃える
同じポジションの要素は、サイズや形状、色を揃える。

要素を反復させると、リズムが出てわかりやすいデザインになる

14 | ルール1 見た目を「シンプル」にする

> **Key word**
> ▼
> **シンプル**
>
> ビジネス資料は、皆が興味を持って読むわけではありません。「一言でいうと?」と言ってくる読み手に対し、じっくり説明しようとしても敬遠されるだけです。資料に目を向けた時点で「読んでみるか」と思わせるには、**シンプル**なレイアウトが求められます。冗長な文章や複雑な図解は嫌われます。

▌文字数を少なくする

何が書かれているかわからない。いくら読んでも要領を得ない。そんな資料になってしまう原因のほとんどが、多くの情報を詰め込み、不毛な解説をしてしまうことにあります。

もっと説明したい。重々しく見せたい。そんな欲求のままに文章を作ってしまうと、どうしても一文が長くなります。言葉を飾り過ぎて、作り手さえ「?」となることは少なくありません。

まず、誰にでもできるのが、文字数を減らして「一文を短くする」ことです。修飾語を外し、枝葉を捨て、冗長な表現をスパッとやめます。これだけですっきりし、少なくとも何を言っているかが明確になります。

● 修飾語が多いと、わからない文章になっていく

> ✕ 「週末の集客率が高い郊外の大型書店とコラボし、商品の宣伝・拡販を狙ったイベントを実施する」
> 43文字

● 単純明快を目指せば、自ずとすっきりしてくる

> ◯ 「書店とタイアップした週末限定の販促イベントを行う」
> 24文字

▌一文一意にする

ビジネス資料の文章は、**一文一意**を原則にすべきです。

一文一意とは、1つの文に1つの意味を持たせること。一文の文字数が減り、言葉の意味がわかりやすくなるので、主語と述語が合わないとか、前と後ろで内容に矛盾が生じることがなくなります。無駄がなくなった文章は、文意が明確になります。

文章の脂肪をできるだけ削ぎ落し、最低限必要な文言だけにします。平たく言えば、シンプルにすることです。シンプルにすれば、読み手が無用に思考を広げずとも、内容が理解できるようになります。

● 一文に2つの意味があるとわかりにくい

> △ 「野菜は新鮮なものが好きだが、無農薬の方がもっと好きだ。」
> △ 「商品の販売量は増えているが、なぜか利益率は低下している。」

● 一文一意ならすっきりする

> ◯ 「野菜は新鮮なものが好きだ。でも、無農薬の方がもっと好きだ。」
> ◯ 「商品の販売量は増えている。しかし、利益率は低下している。」

紙面では見せる工夫が必要

　一文を短くし、箇条書きに変えるなどで文章はシンプルになりますが、抽象的な表現になる恐れもあります。抽象的だと感じたら適度な説明を加えるべきですが、せっかくスリム化した文章に肉付けしてしまっては元の木阿弥です。そこで紙面を**見せる工夫**が必要になります。

　見せる工夫とは、文章表現に固執しない作り方であり、情報の図解です。図解した紙面は、論理的に展開する情報を目で追うことができます。そのため、内容を整理しながら読み進められ、内容がパッと頭に入ってきます。

　「読む」資料は文字の意味を考えますが、「見る」資料は直感的です。図解から感じ取るイメージは、読み手の積極的な理解意欲を促してくれます。ビジネス資料を短時間で効率的に理解してもらうには、図解を活用することが上手な表現方法といえます。

図解は紙面のシンプル化

　図解する作業は、**紙面のシンプル化**です。シンプルな紙面は、余分な情報がないためにメッセージが表出しやすく、何を言いたいのかが「ひと目でわかる」ようになります。メッセージが一目でわかれば、プレゼンの成功率が一気に高まります。

　図解を中心とした見せる工夫といっても、クリエイティブなデザインをするわけではありません。「強調する」「グループ化する」「視線を誘導する」といった、基本に沿ったレイアウトをするだけのことです。そのためのテクニックは、Part 3とPart 4で解説します。

　読み手にとって、多過ぎる情報は雑音と同じです。雑音は主旨の理解を妨げ、思考を混乱させます。読み手に間違った判断をさせないために、**シンプルな文章**と**シンプルな紙面**を目指しましょう。

読みたくない資料

- 文字数が多い
- 過度な解説をしている
- 表現が重複している
- ポイントが散乱している
- 主旨が整理されていない
- ページ数が多い

シンプルな書き方
- 文字数を減らす
- 修飾語を外す
- 枝葉を捨てる
- 冗長な表現をやめる
- 一文一意

シンプルな見せ方
- 強調する
- グループ化する
- 視線を誘導する
- アイキャッチを入れる
- 余白を使う

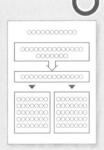

読みたくなる資料

- 文字数が少ない
- 情報が図解されている
- メッセージがシンプル
- 情報に無理・無駄がない
- パッと頭に入ってくる
- ページ数が少ない

15 ┃ ルール2 すぐに「全体」が見えるようにする

Key word
▼
全体

資料を手にした途端、「読んでみようか」と思わせるのは難しいものです。せめて、パラパラとめくって「何となくいいね！」と感じてもらえれば、プレゼンの成功が近づいてきます。伝わる資料とは、見た瞬間に何を伝えようとしているかが感じられるようになっています。

▌全体が見えると、読みたくなる

　人は「何が書かれているか」「どんな内容か」を一瞬で印象付けます。何を言っているのかわからない資料からは、すぐに目を背けることでしょう。ポスターの場合、見るか見ないかの判断は3秒といわれます。「エレベーター・ピッチ」は30秒で思いを伝えなければなりません。

　読み手の心をつなぎとめるには、パッと見た瞬間に何を言おうとしているかが感じられる、**全体が見える作り**になっていることが大事です。

　「全体が見える」作りとは、

- ● そのページの理解する内容が見つけられる
- ● 読ませたい方向に自然と目線が誘導される
- ● 論旨がよどみなく流れてストレスがない
- ● 紙面を構成する項が過不足ない

といったことです。

　もちろん、内容を読まなければ、作り手の意図はわかりません。しかし、存在感を醸し出す紙面は、読み手の理解意欲をそそるものであることは間違いありません。全体が見えることは、伝わる資料になる大きな要素です。

　2、3ページめくって「おっ、読んでみようか」
　1ページをめくって「よく整理されているな」
　文章を読み始めると「ウンウン、なるほど」

　こんな資料なら、喜んで読みたくなるのではないでしょうか。

● めくっただけで、何となくイイ感じ！

シンプルにまとまっている

整然と作られているわ

じっくり読んでみようか

● 読み始めると、全体が見える！

論旨がスムーズに流れている

ポイントが整理されている

見出しが過不足なく用意されている

論旨の流れを作る

　では、全体が見える資料を作る方法を考えてみましょう。まずは、**構成**を立てる必要があります。構成とは、AやBといった要素を一つのまとまりあるCに結び付ける作業です。平たく言えば、**論旨の流れ**であり**ストーリー**です。

　現状や目標といった情報をつなぎ合わせて、論旨の流れを作ります。各項ではそれぞれの主旨をはっきりさせ、隣接する項目に目線を誘導するレイアウトを作ります。

　さらに、全体の流れを整えて、前提情報の過不足を調整したり、論理の矛盾や主旨の曖昧さを解消したりして、各段落と各ページの要旨を練り上げていきます。

　各項目の文章量が予定に達しない場合は、ほかの項目や節、ページと統合し、逆に文章量が収まらない場合は、分割して新しい項目を用意します。

　どんな要素が入っていて、何を言おうとしているかがわかれば、自ずと全体像が見える資料になっていくはずです。内容が漠然としているときは、この論旨の流れが明確になっていない証拠です。

ギャップを解消する提案をする

　論旨の流れを作り構成を練り上げる際には、現状と理想のギャップを解消する提案を入れておきましょう。企画書や提案書といったプレゼン資料にこの部分がなければ、それは単なる**情報資料**です。既知の事実を大げさに言うだけでは、相手は興味を持ってくれません。

　どのようにギャップを埋めて理想に近づけるか？　という解決策がきちんと見つかるレイアウトにすることも重要です。全体が見えるということは、肝心の解決策や要点がすぐに見つけられるということ。キーワードを抜き出したり図解したりして、読み手が「ここが重要そうだな」と感じられる紙面こそ、全体が見えるレイアウトといえます。

● 全体が見えるように構成を立てる

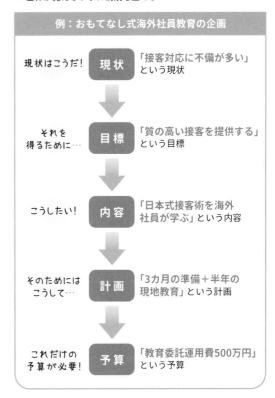

例：おもてなし式海外社員教育の企画

現状はこうだ！	現状	「接客対応に不備が多い」という現状
それを得るために…	目標	「質の高い接客を提供する」という目標
こうしたい！	内容	「日本式接客術を海外社員が学ぶ」という内容
そのためにはこうして…	計画	「3カ月の準備＋半年の現地教育」という計画
これだけの予算が必要！	予算	「教育委託運用費500万円」という予算

● 現状と理想のギャップを解消する提案を入れる

現状 → ギャップ解消策 → 理想

16 ルール3 適度に「ビジュアル化」する

Key word
▼
ビジュアル化

アイデアの良し悪しで決まらないのがプレゼンです。読まれるのは最初の1行だけ。あとは「読んでおくから」で終わることも。発表資料やミーティング資料とて同じこと。読みやすくわかりやすくした上で、興味を持ってくれる資料にするには、紙面を**ビジュアル化**する必要があります。

ビジュアル化で直感的な資料にする

ビジネス資料には、見せるための工夫が必要になります。見せる工夫とは、内容がスッと頭に入ってくる直感的な見せ方のことです。

例えば、eラーニングで「スマホ」と「学習」から「アプリ」を導くなら、ベン図の交差した部分に「アプリ」と入れた方が、感覚的に理解できます。円のサイズや距離、線の太さや色を変えれば、図解に含めるニュアンスも調整できます。見せる資料にするには、図解するのが最も効果的です。

図解された資料はシンプルなので、何を言いたいのかが「一目でわかる」ようになります。読まれる資料とは、直感で伝わるように情報を化粧したもの、つまり**ビジュアル化**したものなのです。

ただし、図解ばかりがビジュアル化の方法ではありません。写真を入れれば、事実がストレートに伝わります。棒グラフの一要素に色が付いていれば、そこが強調できます。表の隔行に色を敷けば、情報の追跡が楽になります。

目的の情報素材を適切に視覚化することが、ビジュアル化の本質です。

● 文章は「読み」、図解は「見る」

	文章中心	図解中心
理解のスピード	△	○
内容の印象度	△	◎
内容の記憶度	△	○
情報の正確性	○	△

図や写真、グラフは情報を視覚で表すので、記憶に残り、短時間で理解できる

だから、ビジュアル化して直感的な資料にする

● 文字は読むことで意味が理解できる

いつでもどこでも「学習ビタミン」

スマホと学習を組み合わせた
専用アプリの導入で
受験生の合格を
サポートします。

● 図解には多くの情報を入れることができる

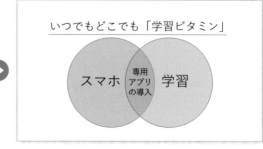

構成＋レイアウト＋配色で ビジュアル化する

　ビジュアル化のポイントは、構成とレイアウトと配色です。**構成**では、必要な情報を用意し、自分が意図する「流れ」を作ります。創作の途中で論旨が矛盾する点や説明不足、逆に文言が長すぎる箇所などが出てきます。不要な説明を省き、シンプルな表現にブラッシュアップさせてください。文章で伝わらない部分は、積極的に図解しましょう。

　レイアウトは情報を割り付ける作業です。上から下、左から右へ展開させるのが一般的なので、この流れを基本にします。まず、箇条書きにしたテキストボックスをざっくりと配置し、次に、論旨に合わせて配置場所を入れ替えながらレイアウトをまとめていきます。必要に応じて、図解やグラフで視覚化します。

　配色は、紙面全体やページを構成する素材の色付けのことで、「カラーリング」ともいいます。配色で注意する主な点は、

- 使用する色は2〜3色までにとどめる
- 同系色でまとめて濃淡で差異を出す
- 強調したい箇所に濃い色を使う

ことです。

　ビジネス資料で必要になるビジュアル化は、資料の意図と内容が伝わる「さりげないデザイン」です。

　少しばかりの美しさと見やすさ、情報のメリハリが伝われば、仕事で必要なデザインとしては十分です。

整然とまとまってはいるが、
文章を読まないことには理解できない

内容を構成して、流れを作った。図解の中で
各要素が関連し合っているので、理解が進む

17 | 色の基本を押さえる

Key word
▼
色の
3属性

デザインにおいて、色は重要な役割を担います。色から受ける読み手の心理的影響は大きく、その意味で「色はメッセージ」と言ってもいいでしょう。色を考える上で知っておかなければならないのが**色の3属性**です。**色相、明度、彩度**の考え方をしっかり理解しておきましょう。

▌RGBカラーとCMYカラー

私たちの身の回りには無数の色がありますが、すべての色は**3原色**と呼ばれる基本色の重ね合わせで成り立っています。色の3原色には、**光の3原色**と**色料の3原色**があります。

光の3原色は、

R（レッド）・G（グリーン）・B（ブルー）

からなり、テレビやPCの画面を表現する際に使われる表現方法です。これらは混ぜれば混ぜるほど色が明るくなり、すべてを100%で混ぜると白色になります。

色料の3原色は、

C（シアン）・M（マゼンタ）・Y（イエロー）

からなり、印刷物の色材を表す表現方法です。これらは混ぜれば混ぜるほど色が暗くなり、すべてを100%で混ぜると濃いグレーになります。

また、商用印刷では、引き締まった黒を表現するために、独立した**K（ブラック）**のインキを加えた4色のプロセスカラーで表現しています。

■ 色の指定方法

実際のデザイン作業では、例えば、ある赤を表す場合は、次のように数値で指定します。

RGBカラー：R255/G0/B0

CMYカラー：C0%/M100%/Y100%/K0%

● RGBによる光の3原色（RGBカラー）

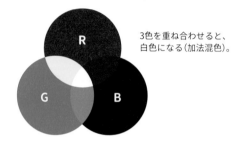

3色を重ね合わせると、白色になる（加法混色）。

● CMYによる色料の3原色（CMYカラー）

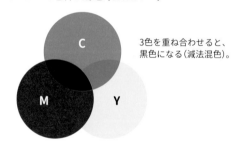

3色を重ね合わせると、黒色になる（減法混色）。

● RGBカラーの指定例。キャッチコピーと下部の図形は、ともに「R243/G22/B51」の色を指定。写真の被写体の一部の色と合わせて統一感を出した

色の3属性はカラーデザインの基本

　色が持つ「色相」「明度」「彩度」の3つの性質を**色の3属性**といいます。この3つの属性を正しく理解することが、紙面のカラーデザインを行う基本になります。

　色相とは「色合い」「色味」のことです。大きく暖色系、寒色系、中性色に分かれます。色相に順序を付け、その変化を円周上に配置したものが「色相環」です。色相が異なる色を隣り合わせて、色相が変化して見えることを「色相対比」といいます。

　明度とは色の明暗のことです。明度の一番高いのが「白」、低いのが「黒」、中間にさまざまな濃さのグレーがあります。色において青や緑は寒色系、赤や黄色は暖色系と分類されます。どちらにも属さないものは中間色系になります。明度の異なる2色を並べることを「明度対比」といい、明るい色はさらに明るく、暗い色はより暗く見えるようになります。

　色味の強さや弱さのことを**彩度**といいます。「青」と「スカイブルー」では、青が彩度が強く、スカイブルーが弱くなります。彩度の異なる色を並べることを「彩度対比」といいます。彩度が高い色に囲まれるとくすんで見え、彩度の低い色に囲まれると鮮やかに見えます。

● 色の働き

色相	主な色	表現
暖色系	赤、橙、黄	近くに見える（進出色）
寒色系	青、青紫、青緑	遠くに見える（後退色）
中性色	緑、紫	──
膨張色	白、明るい色	大きく膨らんで見える（進出色）
収縮色	黒、暗い色	小さく縮んで見える（後退色）

● 色の感覚

色相・彩度・明度	イメージ
赤みの色相	暖かい
青みの色相	冷たい
彩度が高い	派手
彩度が低い	地味
明度が高い	軽い、柔らかい
明度が低い	重い、硬い
赤みのある色相、明度・彩度ともに高い	興奮
青みのある色相、明度・彩度ともに低い	沈静
彩度、明度とも高い	陽気
彩度、明度が低い	陰気

● 明度が近いと、読みにくくなる

● 明度差があると、読みやすくなる

● 中央の図形の色が同じでも、色相対比は背景色と混色して色相が変化して見える

● 明度対比により、左の三角形はハッキリと、右は暗く見える

● 彩度対比により、左の図形は鮮やかに、右はくすんで見える

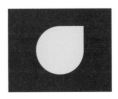

18 配色の基本を押さえる

Key word
▼
配色

色は人の感情に直接的に訴えるので、主旨の伝達をスムーズにしたり、イメージを増幅させる働きがあります。色の取り合わせとなる**配色**を考えるときは、内容に合った色のイメージを見つけましょう。色が持つ性質を理解して色を選択すれば、読みやすく説得力のあるものになります。

色が持つイメージを知る

色には、それぞれが持つイメージや役割があります。赤は情熱やパワーを感じ、青は空や海をイメージさせるので爽やかさを感じます。植物やアウトドアに関連する内容を表すならば、「自然」「環境」につながる緑が効果的です。

このように色が持つイメージを知っておくと、配色のアイデアが広がります。

得意先へのプレゼンなら、先方のコーポレートカラーを中心に配色し、自社商品の販売資料なら商品のキーカラーは外せません。

ビジネス資料をレイアウトする際は、**視認性**（52ページを参照）を考慮した色とフォントの選び方が重要です。

● 色のイメージ

色	プラスイメージ	マイナスイメージ
赤	情熱、活動的	危険、派手
青	清潔、冷静	冷たい、寒い
水色	爽やか、清純	子供っぽい、冷たい
橙	陽気、快活	落ち着かない、低俗
黄	明朗、躍動	軽率、情緒不安定
緑	爽やか、平和	未熟、平凡
紫	上品、優雅	孤独、不吉
ピンク	優しい、女性的	子供っぽい
グレー	穏やか、シック	陰気、暗い

● 背景が黄、文字が黒の例（安い、軽薄、注意など）

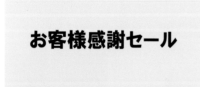

● 背景が緑、文字が白の袋文字の例（自然、エコ、平和など）

● 背景が赤、文字が白ヌキの例（情熱、興奮、危険など）

● 背景が水色、文字が白の袋文字の例（爽やか、涼しげなど）

コントラストと補色を使いこなす

色同士を引き立てたり、文字の存在感を高めるには、**コントラスト**と**補色**も重要です。コントラストとは、隣り合う色相の明度関係、つまり色の対比のことをいいます。

コントラストを高くすると、明度差が生じて色の違いがはっきりします。黒や白の無彩色は、そのままでも強いコントラストを放ちます。

一方、色相環において正反対に位置する色を**補色**（反対色）といいます。時計の文字盤でいえば、12に対して6の位置にある色です。

補色は、性質が最も異なる色で色相差が最大になる色です。隣同士に並べると、それぞれが引き立て合って鮮やかに見え、視線を引き付ける効果があります。

ただし、補色同士は互いの色を消し合うため、見えにくくなる場合もあります。背景の色との組み合わせに注意してください。

● 強い対比を生む例

コントラスト	選択する色
補色	赤と緑、黄と紫、青と橙（オレンジ）の対比
明度	無彩色（白と黒とグレー）同士の対比
彩度	鮮やかな色とくすんだ色の対比

● 背景を黒、文字を白にした例。
明るい部分はより明るく、黒い部分はより黒く見える

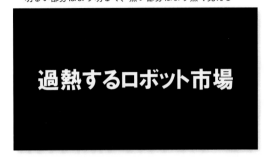

● 赤いバラの写真の背景を緑にした。
補色がバラの存在感をアップさせている

● 背景を白、文字をグレーにした例。
無彩色はそのままでも強いコントラストを放つ

● 色相差が大きくなる補色を文字に使うと、
視認性と可読性が一気に下がる

19 | イメージに合った配色をする

Key word
▼
トーン

色の取り合わせとなる配色は、一見、個人的なセンスで行われているように見えます。しかし、実際はメッセージに合う適切な色を選択することが求められる作業です。色が持つイメージを正しく理解しておけば、読み手に向けてわかりやすく効果的な配色が行えるようになります。

■ トーンを揃えて調和をとる

色を見たときの印象は、明度と彩度で決まります。同程度の明度と彩度を持った色のグループを**トーン**といいます。

トーンは色の調子を日常的な用語で表したもので、「渋めで落ち着いたダークな感じにする」「全体に淡いパステルトーンでまとめる」といった言い方をします。色の印象に共通性をもたらすのでコミュニケーションしやすくなります。

トーンが同じだと、色相が異なっていても受ける印象が似てきて、調和のとれた配色ができるようになります。

● トーンの名称とイメージ

名称	イメージ
ビビッド	鮮やかな、派手な
ライト	軽い、明るい、子供っぽい
ディープ	深い、濃い
ペール	淡い、軽い
ソフト	柔らかな、穏やかな
パステル	桜色や藤色のように淡く明るい
ダーク	暗い、大人っぽい
ライトグレイッシュ	明るい灰色
ミドルグレイッシュ	灰色、濁った

● トーンは同程度の明度と彩度がある色相のグループ

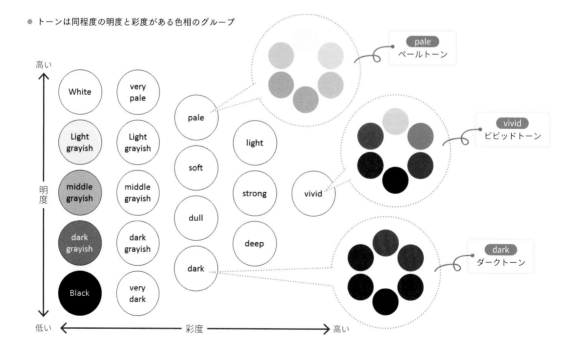

特定の色を指定して配色する

　いざ配色を考えるとなると、なかなかしっくりこないもの。しかし、パワポやワードには、スライドのデザインの「テーマ」と、色の組み合わせの「配色」の機能が用意されています。これらを適用すると、文字色や図形の塗りつぶしのカラーパレットも対応する配色に変わります。ここから色を選んでおけば、大きな配色ミスはありません。

　特定の色を指定するときは、[色の設定]ダイアログボックスを使います。ここではカラーパレットから選択する基本色から、自分で指定するオリジナル色までを自由に扱うことができます。

　[標準]タブのカラーパレットは、蜂の巣状のパレットです。「白」を中心に上方に寒色系、下方に暖色系、左右に中性色の色が配置されています。下段には、白と黒とさまざまなグレー色が用意されています。放射状の対称位置にある色が補色（反対色）になります。

　もう1つの[ユーザー設定]タブでは、RGBの番号で色を指定することができます。ロゴカラーやキーカラーを指定するのに使います。主な色は、右表の通りです。

● 色とRGBの指定値

色	(R,G,B)
黒	(0, 0, 0)
白	(255, 255, 255)
赤	(255, 0, 0)
緑	(0, 255, 0)
青	(0, 0, 255)
黄	(255, 255, 0)
シアン	(0, 255, 255)
マゼンタ	(255, 0, 255)
オレンジ	(255, 165, 0)
紫	(160, 32, 240)
金	(255, 215, 0)
グレー	(190, 190, 190)

● パワポでは[デザイン]タブの「バリエーション」の[配色]から色合いを選ぶ

● [ユーザー設定]タブでは、RGBカラーで好みの指定色を作ることができる。右の縦型スライスバーでトーンを変更できる

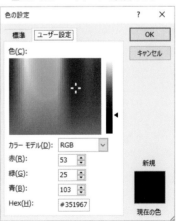

20 │ 読み手の立場に立って配色を考える

Key word
▼
配色
テクニック

色の基本が理解できたとしても、実際の配色となると考え込む人もいるでしょう。しかし、ビジネス資料においては、クリエイティブなデザインは必要ありません。読み手の立場に立ち、読みやすさと見やすさを意識したレイアウトを心がけましょう。欲張りな色使いだけは避けてください。

▊ 配色を考えるときの王道テクニック

ビジネス資料のレイアウトでの配色は、凝った演出より内容がスムーズに理解できることが最優先です。読みやすい配色にはいくつかの基本パターンがあり、それらに従うことで要素を目立たせたり、紙面の雰囲気を高められます。

① 異なる色でトーンを揃える

トーンの印象を元に配色を考えると、色の選択がスムーズにいきます。色相が異なり明度と彩度が同じ配色は、受ける印象が似てきます。つまり、**同じトーンの配色**は、調和が取れてまとまった印象にするのに便利です。どうしてもトーン差が出るときは、同じ色相を使うとまとまりやすくなります。

② 同じ色相で明度を変える

統一感を意識するなら、**色相と彩度が同じで、明度が異なる色**を組み合わせるといいでしょう。同系色なので、紙面全体に使うと寂しさや物足りなさを感じる場合もありますが、見出しや図形、グラフの要素などに限定して使うと、統一感が出てまとまった印象になります。

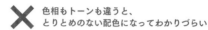
✕ 色相もトーンも違うと、
とりとめのない配色になってわかりづらい

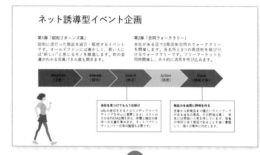

○ 同じトーンで配色すると、
色相が違っても自然に統一感が出てくる

● 図解の明度を変えた例。統一感が出て安心して読み込める

見やすく伝わる配色テクニック

　紙面を見やすくする配色の基本は、レイアウトと同じで「ごちゃごちゃさせない」こと。多くの色を使えば使うほど、煩雑で不快な印象になっていきます。色に意味を持たせて、無用な色、余分な色は使わないようにしましょう。

① 使う色は3色が基本

　使用する色は**原則3色まで**にしましょう。少ないように思うかもしれませんが、総じて**色数を減らす**と印象がよくなります。

　一般にベースカラー70％、メインカラー25％、アクセントカラー5％程度の比率がイイ感じに仕上がります。見出しに色を付ける場合は、本文は黒かグレーにしておくと落ち着きが出ます。

　カラーパレットから3色を選び、その中のトーンの違いで配色を組み立てると、簡単に統一感が取れます。

② 同系色の色を選ぶ

　色はなるべく**似た色**を使うようにしましょう。色のテイストを合わせると、読み手が安心します。

　例えば、メインカラーに赤系色を使うなら、2色目は茶色系、3色目はオレンジ系を選ぶといった具合です。赤系と青系といった異なる色を使う場合でも、トーンを下げてくすんだ色にしたり濃淡で差を付けると、上品にまとまります。

　一般にプレゼンや社内報告資料では、青系または緑系の色を使うと、全体が落ち着いてじっくり読める雰囲気があります。

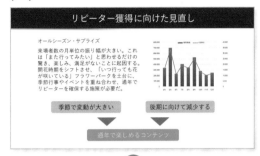

✕ 色の使いすぎは見づらいだけでなく、
煩雑でまとまりのなさを与えてしまう

〇 カラーパレットの1列だけで配色した例。
色が散らからずにすっきりしている

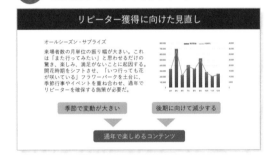

● 緑色をメインにビビッドな色でまとめた例。
キーカラーに赤系を指定した

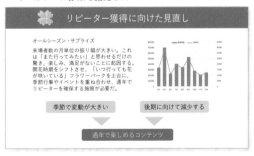

③ 原色は使わないようにする

色を選ぶ際には、**原色を避ける**ようにしてください。原色とは、光の3原色のR（レッド）・G（グリーン）・B（ブルー）、色料の3原色のC（シアン）・M（マゼンタ）・Y（イエロー）です（38ページを参照）。

これらは各種の色を作る元の色ですから、単独で使うと派手できつい印象になります。また、繊細さもないので、素人っぽさが表面に出てきます。特にメインカラーに指定するのは避けましょう。

● 原色は派手で目立つ色。
メインカラーにも使わない方が無難だ

④ 写真の色を配色に取り入れる

プレゼン資料では、**写真**や**画像**のようなビジュアルを使うことも少なくありません。これらの情報要素は紙面上で重要な役割を持ちますから、その色に合わせて文字や図版の色を決めるのも効果的です。ロゴや製品カラー、コンセプトカラーを紙面に生かせば、一気に雰囲気がよくなります。

パワポのスポイト機能は、文字や図形、写真などあらゆる要素から特定の色を抽出することができます。色を適用したい図形や文字を選択し、スポイト機能でポインタがスポイトの形に変わったら、目的の色をクリックするだけです。

● ポインタがスポイト状態になったら、抽出したい図形をクリックする。写真の位置によってRGB値は変化する

RGB(207,10,41)
赤

● 使用する色に意味を持たせれば、配色の意図が明確になる

3

「文字」
という情報を
適切に扱おう

文字は読むために並べるもの。読み
やすさは、必ず問われるスキルで
す。書体と文字組みを理解して、内
容が伝わる資料にしましょう。

21 書体とフォントの基本を知る

Key word
▼
書体/フォント

フォントは、1つ1つが特徴のあるかたちをしており、見せる表情と醸し出す雰囲気が異なります。作成する資料の目的や伝えたい内容に合ったフォントを選ぶようにしましょう。最適なフォントを使うと、フォントが持つ印象とメッセージがかみ合って説得力が増します。

文字のかたちを決める

文字が伝える情報は一義的で、それが意味する以外の解釈はできません。

例えば、「海」という文字は、陸地以外の塩水に満ちた場所でしかありませんが、青空に柔らかな曲線のタッチで「海」の文字があると、晴れた日のビーチを連想することができます。

また、鈍色の空に野太くシャープな「海」の文字があると、冬の日本海を想像するかもしれません。

このように、表現したい内容に合わせて使う文字を決めることは、デザインの大切な作業です。

書体とフォントとウエイト

文字にはさまざまな**書体**があります。書体とは字形（じけい）の様式に一貫性を持たせて分類されたデザインの系統を表します。平たく言えば文字の種類であり、明朝体やゴシック体、行書体などの種類があります。

そして「游ゴシック」「游明朝」「メイリオ」といった1つ1つを**フォント**といいます。フォントは、**ウエイト**（文字の太さ）が細くデザインされたものから極太までのラインアップが用意されています。

複数のウエイトを含めたセットを**フォントファミリー**と呼びます。通常、標準の「Regular」や細い「Light」、太い「Bold」が用意されていますが、フォントによってファミリーの構成は異なります。

● 基本は明朝体とゴシック体。その中に多くのフォントが存在する

明朝体

游明朝	HGP創英プレゼンスEB
MS 明朝	HGS創英プレゼンスEB
HG明朝B	
HG明朝E	

ゴシック体

游ゴシック	HGSゴシックE
メイリオ	HGP創英角ゴシックUB
MS ゴシック	HG丸ゴシックM-PRO

● フォントファミリーを使うと、全体の調和が取れて読みやすくなる

游明朝

游明朝
游明朝 Light
游明朝 Demibold

游ゴシック

游ゴシック
游ゴシック Light
游ゴシック Medium

内容に合わせて書体を選ぶ

　パワポとエクセルは游ゴシック、ワードは游明朝が標準フォントです。見やすいフォントですから、そのまま使ってもよいのですが、盲目的に使うのだけはやめましょう。

　プレゼンや報告の規模に関わらず、「標準書体のままでいいか？」「内容と書体がかみ合っているか？」と気にしてください。

　書体を選ぶということは、読みやすさを選ぶこと、わかりやすさを求めることです。内容に合った適切な書体を選び、使いこなすことが、メッセージの効果的な伝達につながります。

　使用する書体を選ぶ段階から紙面のデザインが始まっています。

✕ 「行書体」を使ったスライド。仰々しくて読む気になれないし、グラフと書体が異なる

◯ 文字が大きく読みやすい「メイリオ」もいい。相手が理解しやすいことを第一に考えること

雰囲気に惑わされてはいけない

　歌舞伎を題材にしたイベント企画だから江戸文字風の「勘亭流」を使ってみる。文房具の商品企画だから「ふみ文字」を使う。これらは、内容に合わせた書体の選び方としては間違っていませんが、個性的なフォントで埋め尽くされると、おなか一杯になります。目立つ箇所もなくなります。

　例えば、「POP体」をチラシの値札だけに使ったり、子供の父兄便りのタイトルに使うなら効果的です。書体が持つ特徴は、適切な場所に適切な量で使うことで効果が出ます。

　内容に合った書体を使うということは、メリハリの出る紙面になるように書体を選ぶということです。

✕ カラフルな写真とにぎやかな書体。文章がちらついては、読んでも内容が入ってこない

◯ カラフルな訴求は写真に一任。游ゴシックに統一し、文章はスミ文字で読みやすさを優先させた

22 和文書体と欧文書体の違いを知る

Key word
▼
和文/欧文

漢字やひらがなを表す**和文書体**と、アルファベットを扱う**欧文書体**。2つの書体は、文字の形状の違いから構成するフォーマットが異なります。それぞれの書体の特徴を理解し、使う箇所や伝えたい意図、紙面のイメージによって適切に使い分けるようにしましょう。

和文の基本は明朝体とゴシック体

和文書体は、漢字、ひらがな、カタカナすべてにおいて、文字のかたちが正方形に収まるようにデザインされています。和文書体は、字面（じづら）が大きくフトコロ（文字の画線のアキ）が広いと、総じて読みやすい文字になります。

和文のフォントには、明朝体やゴシック体をはじめとして、筆文字系の楷書体や行書体、変わり種のポップ体や勘亭流などさまざまな種類があります。

一般に、最もよく使われるのは**明朝体**と**ゴシック体**でしょう。明朝体は横線より縦線が太く、「ウロコ」（飾り）があるのが特徴。筆のような抑揚が美しく、洗練されて読みやすい書体です。

一方、ゴシック体は横線と縦線の太さに差がなく、ウロコもありません。画線がはっきりと見えて、力強く感じる書体といえます。

欧文はセリフ体とサンセリフ体

欧文書体には**セリフ体**と**サンセリフ体**があります。セリフ体は、横線より縦線が太く、明朝体のウロコに当たる「セリフ」（飾り）がある書体です。サンセリフ体は、横と縦の線の太さが同じで飾りがない書体です。

文字量が多い英文の資料には、セリフ体を選ぶのが適当です。サンセリフ体にすると、和文のゴシック体の場合と同様、圧迫感が出て読みづらくなります。

● 明朝体は洗練されていて、美しくフォーマルな印象

明朝体

明朝体には画線の先や角、末端に「ウロコ」と呼ばれる三角形の箇所がある。「とめ」「はね」「はらい」で字体にメリハリと美しさが生まれる。

● ゴシック体は直線的で、カジュアルな印象

ゴシック体

ゴシック体には「ウロコ」がなく、画線は均一の太さになる。シンプルなのでカジュアルな雰囲気が似合う。

● セリフ体は、セリフ（飾り）がある書体

セリフ体

セリフ体には「セリフ」と呼ばれる装飾がある。明朝体と同様、字体にメリハリと美しさが生まれる。

● サンセリフ体は、飾りがない書体

サンセリフ体

サンセリフ体には飾りがなく、画線は均一の太さ。整理されたカジュアルな印象。

欧文書体は、大文字と小文字でデザインの基準が異なります。そこで文字を揃えるときの基準となるベースラインやアセンダライン、ディセンダラインと呼ばれる線が用意されています。

アルファベットの構造は、これらの線に当てはまるように高さを統一し、文字がすっきり見えるようにデザインされています。

● 欧文書体は文字ごとに高さと幅が異なる

Happy days ——— アセンダライン
——— ベースライン
——— ディセンダライン

書体が持つイメージ

1つ1つのフォントは、それぞれに表情があります。やさしくておとなしい文字や、力強い文字など、フォントの特徴は、そのままスライドや紙面のイメージにつながります。

パワポとワード、エクセルの標準設定である游ゴシックと游明朝は、プレゼンや報告などのビジネス資料には妥当な選択です。

一方、見せる資料やチラシを作る場合は、インパクトやポップさを狙ったフォント選びも必要になります。

使うフォントによって、スライドや紙面の表情は大きく変わります。わかりやすさを第一に、内容に合ったイメージを持つフォントを選ぶようにしましょう。

和文書体	
美しい日本語	見やすい
美しい日本語	読みやすい
美しい日本語	わかりやすい
美しい日本語	はっきりした
美しい日本語	几帳面
美しい日本語	男性的
美しい日本語	優雅
美しい日本語	華麗
美しい日本語	伝統的
美しい日本語	手書き風

欧文書体	
27th birthday	見やすい
27th birthday	はっきりした
27th birthday	洗練された
27th birthday	わかりやすい
27th birthday	新聞記事風
27th birthday	格式ある
27th birthday	強い
27th birthday	目立つ
27th birthday	きれい
27th birthday	読みやすい

23 明朝体とゴシック体のどちらを選ぶか？

Key word
▼
視認性/可読性/
判読性

文章が多い資料には明朝体を使い、スライドのような見せる資料にはゴシック体を使うのがいいと、よく言われます。間違いではありませんが、マストでもありません。用途やレイアウトの仕方で、最適な書体は変わるのが自然ですから、最も説得力が高まる書体を見つけましょう。

視認性と可読性と判読性

文章を意図した通りに読み手に伝えるには、**視認性**と**可読性**と**判読性**が重要になります。視認性は文字の見えやすさ、可読性は文字の読みやすさ、そして、判読性は文字の意味がわかる度合いをいいます。

通常、仕事で使う資料は「読ませる資料」と「見せる資料」に分けられます。読ませる資料は文字が多くなるため、可読性の高い細い書体が向いています。

一方、見せる資料では、読み手を誘う見出しやキーワードが欠かせないため、視認性の高い太い書体が適しています。

明朝体を選ぶ場合

細いデザインの明朝体は、真面目な印象があるので、文章を読ませたいときは、可読性が高い明朝体を選ぶといいでしょう。

ただし、どうしても迫力に欠けるので、「サイズを大きくする」「大きな文字は字間を広げる」「ウエイトの高いフォントを選ぶ」などの工夫で、視認性を高めてください。

ゴシック体を選ぶ場合

均等な画線のゴシック体は、シンプルで目立つ書体ですから、タイトルや図版のキャプションといった箇所に使うと、視認性が高まります。

ただし、小さいサイズで使うと文字がつぶれたように見えるので、細いウエイトのものを選んでください。

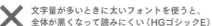
文字量が多いときに太いフォントを使うと、全体が黒くなって読みにくい（HGゴシックE）

MSゴシックとMS明朝は、文字としての美しさが低い。太字にしても潰れるので使わない方がいい（MSゴシック）

細いフォントのゴシック体なら、可読性が高くなって文字が多くても目が疲れにくい（游ゴシック）

✗ 明朝体は読みやすいが、長い文章ではメリハリが感じられないこともある（游明朝）

○ 太いフォントファミリーを見出しに使えば、長い文章にまとまりが生まれる（游明朝＋游明朝Demibold）

約80%の人が利用している
ある調査を見ると、ポイントサービスを利用した人の約80%が共通ポイントを利用しています。最もよく利用している共通ポイントは、A社の「Aポイント」が37.0%でトップ。続いてB社の「コンタカード」（13.5%）、C社の「ヤッホーカード」（12.8%）の順でした。最もよく利用している共通ポイントを利用し始めたきっかけは、「会員登録のついでに」（27.2%）と「店頭で勧められて」（27.0%）が二分しています。

特典より「いつもの店で使える」こと
共通ポイントを利用している理由のベスト3は、「よく行く店で使えるから」が48.0%、「使える店が多いから」が43.8%、「貯まったポイントを使いやすいから」が28.5%となっています。特典の魅力より「いつもの店で使えること」の利便性が優先されています。

不満の第一は「ポイント失効」
ポイントサービスの不満は、「特に不満はない」とした人が27.5%で最も多く、「使用期限が短くてすぐ失効してしまう」（27.3%）、「持参し忘れてしまう」（26.2%）と続きます。ポイント利用を自己評価してもらうと、「どちらとも言えない」が37.3%、「まあまあ上手に利用している」が34.2%となっています。

✗ 表紙に明朝体を使うと、上品ではあるがインパクトは出ない（游明朝）

○ 色ベタ背景に白抜きのゴシック体は、強烈な印象を与える（游ゴシック＋タイトルを太字）

Common point card
使い勝手を優先した
新しい共通ポイントサービス

本企画は、他社との共通ポイントサービスを相互乗り入れすることで顧客を誘導する企画です。顧客の利便性を最優先に考え、「いつでも・どこでも・気楽に」利用できて、自然とポイントがたまる新しいかたちのポイントサービスです。

● 書体を選ぶときの目安

和文書体

見せる資料 ← → **読ませる資料**

欧文書体

ゴシック体
・游ゴシック
・メイリオ

明朝体
・游明朝

主に見出しや
キーワードの
短い言葉に使用
・ポスター
・チラシ
・カタログ
・プレゼン資料

サンセリフ体
・Arial
・Verdana
・Calibri
・Segoe UI

セリフ体
・Times New Roman
・Garamond
・Cambria
・Georgia

主に説明を要する
長い文章で使う
・レポート
・レジュメ
・企画書
・提案書

24 | 混在する和文と欧文を整える

Key word
▼
書体の混在

仕事で使う資料のほとんどで和文と欧文が混在しています。文章中や段落中、見出しや図版のキャプションにまで、日本語と英語などが混在して紙面が作られます。何気なく使っている和文と欧文の混在ですが、少し意識するだけで紙面の品位と見やすさが格段にアップします。

▌和文と欧文では文字位置が違う

　和文と欧文を混在させる場合、考えなければならないのが文字の位置です。前述したように、和文と欧文ではフォントのデザインが異なるために、それぞれの文字を行内のどの位置（高さ）に合わせるかを注意する必要があります。

　和文は仮想ボディの中央で揃え、欧文はベースラインで揃えます。しかし、仮想ボディの下部とベースラインは同じ位置にありません。ベースラインは欧文書体ごとに異なった位置になるため、和文と欧文を混在させると文字の位置（高さ）が揃わずに、アンバランスな印象になることがあります。

● テキストボックス内で日本語と英語が混在する場合

日本語フォントは、「仮想ボディ」という四角いエリアに納まるようにデザインされている。

仮想ボディ
字面枠

アセンダライン

技をSkill up

ベースライン
ディセンダライン

欧文フォントは、「ベースライン」などの基準線に当てはまるようにデザインされ、ラインの間隔はフォントごとに異なる。

▌相性のよさで組み合わせる

　そうはいっても、一字一句で神経質になる必要はありません。主に次のような点を意識して、文章が美しく見える「相性のよいフォント」を選ぶようにしましょう。

① フォント選択の基本を押さえる

❶和文は和文フォントを使い、欧文は欧文フォントを使う。文中の英単語を個別に欧文フォントにする。

❷アルファベットと数字は半角文字を使い、全角文字は使わない。

❸英文では可読性が低くなる等幅フォントを使わない（57ページを参照）。

● 英文に和文書体を使うと、どうしても間延びして見える

游明朝
× FIFA World Cup
↓
Garamond
○ FIFA World Cup

● 英文は、やはり欧文書体で書く方が美しく見える

游ゴシック
× Pop Music
↓
Calibri
○ Pop Music

② 雰囲気が似ているものを使う

❶ 日本語が明朝体なら、アルファベットはセリフ体を使う。

❷ 日本語がゴシック体なら、アルファベットはサンセリフ体を使う。

- 游明朝とサンセリフ体のArialを使った。
  英単語が強調され、可読性と視認性が悪くなる

> 游明朝 & Arial
>
> ✕ LINEは、いつでもどこでも素早く簡単に、無料で
> メールが楽しめます。スマホやPC、タブレット、
> WindowsやMac OSなどで使えるアプリです。
> 日本では8,400万人以上が使っています。

- 游ゴシックとセリフ体のCenturyを使った。
  ブツ切れ感が出て読みにくい

> 游ゴシック & Century
>
> ✕ IoTは、身の回りのあらゆるモノに埋め込まれた
> SensorがInternetに繋がってCommunicationする
> 仕組みのことです。

- 欧文フォントをセリフ体のGaramondに変えた。
  文字のガタツキがなくなり読みやすくなった

> 游明朝 & Garamond
>
> ◯ LINEは、いつでもどこでも素早く簡単に、無料で
> メールが楽しめます。スマホやPC、タブレット、
> WindowsやMac OSなどで使えるアプリです。
> 日本では8,400万人以上が使っています。

- 欧文フォントをサンセリフ体のArialに変えた。
  書体が似ているので自然な感じだ

> 游ゴシック & Arial
>
> ◯ IoTは、身の回りのあらゆるモノに埋め込まれた
> SensorがInternetに繋がってCommunicationする仕
> 組みのことです。

③ サイズやウエイトが近いものを使う

❶ 同じ文字サイズでも、欧文フォントは和文フォントより小ぶりに見える。極端に小さく見えるフォントを
  避け、字面が大きい欧文フォントを使うようにする。

❷ ウエイト（文字の太さ）の差が大きいと、片方の書体が目立って文章が不恰好に見える。ウエイトが近い
  ものを組み合わせると、不自然にならない。

- アルファベットや数字が小さいと、
  文字の凹凸が気になることがある

> 游ゴシック & Calibri
>
> ✕ 横浜Garden Placeはインスタ映えNo.1だ

- 游明朝とセリフ体のCenturyの組み合わせはOKだが、
  Centuryが太く見える

> 游明朝 & Century
>
> ✕ 第17回KIDS DANCE FAIRの開催に向けて、
> FacebookとTV広告のメディア戦略が展開されます

- 少し大きめのSegoe UIに変えた。
  文字の大きさが均等になり見栄えがいい

> 游ゴシック & Segoe UI
>
> ◯ 横浜Garden Placeはインスタ映えNo.1だ

- 欧文フォントをCambriaに変えた。
  文字のウエイトが揃って目が疲れない

> 游明朝 & Cambria
>
> ◯ 第17回KIDS DANCE FAIRの開催に向けて、
> FacebookとTV広告のメディア戦略が展開されます

25 | イメージに合ったフォントを選ぶ

Key word
▼
フォントの
選び方

資料の内容を効率的に最大限に訴求するには、フォント選びが重要になります。標準設定の游ゴシックと游明朝に任せず、メッセージの内容やデザインのニュアンスに合った、別のフォントを使う工夫をしてみましょう。フォントを変えるだけで資料の表情は大きく変わります。

■ 使用する書体を決める

メッセージを効率よく伝えるために、意図と印象を一致させる書体を選んでください。次の手順で使うフォントを決めましょう。

① 書体を選ぶ

まず、文字の系統となる書体を選びます。和文は明朝体、ゴシック体、欧文はセリフ体、サンセリフ体などが主な書体です。ここから内容のイメージに近いきれいな書体を選びます。

長い文章は、目が疲れにくく可読性が高い明朝体が適しています。一方、要点を端的に表したいスライドでは、視認性の高いゴシック体が適しています。

② フォントを選ぶ

次に、フォントを選びます。フォントは尖っている部分（ウロコやはらい、セリフ）があると堅く真面目なイメージ、角張っていると強くはっきりしたイメージ、丸みがあると柔らかく優しいイメージになります。

初めは、標準の游ゴシックや游明朝、メイリオといった読みやすいフォントで構成してみましょう。

③ ウエイトを決める

最後に、ウエイト（文字の太さ）を決めます。大抵の書体は、細、中、太といったウエイトのバリエーションを持っています。

細いフォントほど繊細で女性的なイメージ、太いほど力強い男性的なイメージになります。長い文章では、黒さと窮屈感を見せないように細めのフォントがいいでしょう。

● 標準で用意されている最近のフォントは、視認性と可読性が高いので安心して使える

> 本文に游ゴシック
> 見出しに游ゴシック Medium
> 本文に游明朝
> 見出しに游明朝 Demibold
> 本文と見出しにメイリオ

● 字体が持つ繊細さが感じられないフォントは、できれば使わないようにしたい

> MSゴシック
> MS明朝
> HGゴシックE
> HG明朝E
> HGP創英角ゴシックUB
> HGP創英プレゼンスEB

● 個性的なフォントは楽しいが、読み手が読みにくいと感じては本末転倒だ

> HG行書体は筆感あるが…
> 富士POP体は面白いが…
> HG教科書体は生真面目だが…
> 恋文ペン字は手紙風だが…

等幅フォントはすっきり

文字の幅に関して押さえておきたいのが**等幅フォント**と**プロポーショナルフォント**です。

等幅フォントは1文字の横幅がすべて同じフォントのこと。狭い文字の「i」も広い文字の「W」も同じ幅で扱われます。

文章としては読みやすくありませんが、見た目はきれいですっきりします。タイトルやキャッチコピーのように、**文字数が短い箇所に限定して使う**といいでしょう。

MS明朝やMSゴシック、HGフォント各種、Courier NewやTerminalは等幅フォントです。

プロポーショナルフォントで美しく

一方のプロポーショナルフォントは、文字ごとに横幅が異なるフォントです。「i」は狭く、「W」は広く文字幅を調整します。そのため文章のバランスが整えられ、長い文章がきれいに見えます。

MSP明朝やMSPゴシックのように"P"が付くフォントがこれに当たりますが、游ゴシックやメイリオなどの最近のものは、大抵がプロポーショナルフォントです。

欧文書体は一部を除き、ArialやTimes New Romanなど、ほとんどがプロポーショナルフォントです。特別な理由がない限り、欧文にはプロポーショナルフォントを使いましょう。

● 1文字の横幅が違うので行内の文字数に差が出る

> 等幅フォント（MSゴシック）
> # 文字デザインの世界
>
> プロポーショナルフォント（MS Pゴシック）
> # 文字デザインの世界

● 等幅フォントの欧文は、文字の空きがはっきりする

> 等幅フォント（OCRB）
> # Character design
>
> プロポーショナルフォント（Calibri）
> # Character design

 等幅フォントは字間にアキが生まれて間延びした感じを受ける

> 等幅フォント（MSゴシック）
>
> Japanese world heritage
> The world's cultural and natural heritage is produced by global generation and human history and is the irreplaceable treasure taken over to present from the past. The world's cultural and natural heritage by which cultural heritages are 19 cases and total of 23 cases by which a natural legacy is 4 is registered with Japan (current as of 2020). A country is small Japan, but I'll tell a legacy of human commonness in posterity confidently.

 プロポーショナルフォントなら文章が締まってバランスがよい

> プロポーショナルフォント（Segoe UI）
>
> Japanese world heritage
> The world's cultural and natural heritage is produced by global generation and human history and is the irreplaceable treasure taken over to present from the past. The world's cultural and natural heritage by which cultural heritages are 19 cases and total of 23 cases by which a natural legacy is 4 is registered with Japan (current as of 2020). A country is small Japan, but I'll tell a legacy of human commonness in posterity confidently.

伝わるフォントの選び方

フォントの特徴を理解して最も効果的なフォントを選ぶと、紙面は伝えたいイメージに近づきます。情報を「正確に伝える」ことを第一に考えるなら、シンプルで癖がないゴシック体が無難です。

長年使われてきたMSゴシックやMS明朝は、文字が持つ細やかな表情がなく、古い印象が付きまといます。今風な「游ゴシック」や「メイリオ」がお勧めのフォントになります。

昨今は「誰もが見やすい、読みやすい」コンセプトの「ユニバーサルデザインフォント」が志向されます。これらは、そのコンセプトに合ったフォントでもあります。

注意したいのが太字の使い方です。MS明朝やMSゴシックのように、輪郭をなぞって太くする**疑似ボールド**は、かたちがつぶれて不恰好になります。異なる太い書体を選ぶか、複数のウエイトを持つフォントファミリーを使いましょう。

● 太字機能に対応したフォントはつぶれない

		太字 ✕
MS明朝	➡	MS明朝
MSゴシック	➡	MSゴシック
Century	➡	Century

		太字 ○
メイリオ	➡	**メイリオ**
游ゴシック	➡	**游ゴシック**
Segoe UI	➡	**Segoe UI**

● ユニバーサルフォントは教育現場でも浸透している

UDデジタル教科書体N-R	2022年カタールW杯
UDデジタル教科書体NP-B	**2022年カタールW杯**
BIZ UDゴシック	2022年カタールW杯
BIZ UDPゴシック	2022年カタールW杯

● 資料作成で使いたいきれいなフォント

○：標準搭載

フォント名	Windows	macOS	特徴
メイリオ	○	○	字面が大きく視認性と判読性が高い美しいフォント
游明朝	○	○	伝統的な字形を生かしつつ、現代的で明るい雰囲気を持つ
游ゴシック	○	○	ややフトコロが狭く、1字1字が読みやすいきれいなフォント
ヒラギノ明朝		○	シャープさと筆文字の美しさをマッチさせた情感豊かなフォント
ヒラギノ角ゴ		○	見出しから本文まで使える、可読性と存在感あるゴシック体
源ノ角ゴシック			現代風なのに素朴で優しい字形のフォントファミリー
Segoe UI (シーゴ・ユーアイ)	○		日本語との相性がよく、オープンで親しみやすいフォント
Helvetica (ヘルベチカ)		○	簡素ながらも力強さがある、最も使用されている人気のフォント
Arial (エィリアル)	○		字画が大きく読みやすい。Helveticaに似た字体
Calibri (カリブリ)	○		Corbelよりやや太めで、文字の先端が丸い現代的なフォント
Corbel (コーベル)	○		Calibriよりやや細めで、文字の先端がややシャープ
Consolas (コンソラス)	○		ゼロとo (オー) が区別しやすいプログラミング向け等幅フォント
Verdana (バーダナ)	○		スリムさと安定感を備えた視認性の高いフォント
Cambria (カンブリア)	○		セリフと縦線がはっきりした、柔らかくおしゃれな印象
Garamond (ギャラモン)	○		一部のヒゲや傾いた文字・数字が特徴的なフォント
Georgia (ジョージア)	○	○	つぶれにくく読みやすいオールドスタイルのフォント
Times New Roman (タイムズ・ニュー・ローマン)	○	○	タイムズ紙が開発した新聞用フォント。長文に適している

● サンセリフ体のCalibriを使った。
　ソフトなフォントなので親しみが生まれる

● セリフ体のGaramondを使った。
　格式高くなって、落ち着いた印象が強まる

● ゴシック体のメイリオを使った。
　楽しげでポップな雰囲気が前面に出てくる

クッキングコース

和食・洋食・中華にエスニックな料理まで幅広く
ご紹介いたします。家庭料理からおもてなし料理
までバリエーション豊かなメニューをご用意して
います。また、ご自宅で本格的なレッスンを受講
できる、オンラインレッスンをスタートしました。
当社のクッキングスタジオとご自宅のお好きな方
を、ライフスタイルに合わせて受講いただけます。

内容は、講師1人につき定員5名までの少人数か
つ実習形式のレッスンで。大事な料理ポイント
が確実に身に付きます。

講習は、60〜90分のレッスンで、3〜4品の献立
を作ります。調理が出来上がった後は、皆で試食。
気軽に通いながら上達できるカリキュラムです。

メニューは毎月変わります。さまざまな旬の食材
をバランスよく学ぶことができますので、健康的
な日常生活が営めるようになります。

● UDデジタル教科書体のフォントを使った。
　かしこまった印象になり、説明口調に合う

クッキングコース

和食・洋食・中華にエスニックな料理まで幅広く
ご紹介いたします。家庭料理からおもてなし料理
までバリエーション豊かなメニューをご用意して
います。また、ご自宅で本格的なレッスンを受講
できる、オンラインレッスンがスタートしました。
当社のクッキングスタジオとご自宅のお好きな方
を、ライフスタイルに合わせて受講いただけます。

内容は、講師1人につき定員5名までの少人数制か
つ実習形式のレッスンです。大事な料理ポイント
が確実に身に付きます。

講習は、60〜90分のレッスンで、3〜4品の献立
を作ります。調理が出来上がった後は、皆で試食。
気軽に通いながら上達できるカリキュラムです。

メニューは毎月変わります。さまざまな旬の食材
をバランスよく学ぶことができますので、健康的
な日常生活が営めるようになります。

26 読みやすい字間と行間を作る

Key word
▼
文字組み

文章を読むという行為は、行を目で追い続ける動作です。字間と行間を調整して読みやすくしたり、全体の印象をコントロールするのが**文字組み**です。適切な距離で文字を配置すれば、視認性と判読性が高まって美しいレイアウト、内容が伝わってくるレイアウトになります。

バランスよい字間を見つける

文字と文字の間隔（**字間**）をどれくらい取るかによって、紙面全体の印象はガラッと変わります。字間を詰めると緊張感が生まれ動的な印象になります。逆に、広げると余裕や安心感が出ます。長い文章ではさほど気になりませんが、文字サイズが大きいタイトルや見出し、キャッチコピーでは効果が出やすいテクニックです。

ひらがなやカタカナ、特に促音（ん）と拗音（ゃゅょ）は字間が空いて見えます。スカスカ感を解消して可読性を上げることが大切です。パッと見た印象で読み手の心をつかむタイトル。主旨を想像させる見出し。本文へ誘うリード文。これらの文字を読みやすくすれば、読み手の印象が格段にアップします。

● 文字間が狭いと活気が出て、広いとおおらかさが出る

緑を纏う暮らしの空間	狭く
緑を纏う暮らしの空間	標準（ベタ打ち）
緑を纏う暮らしの空間	広く

● カタカナだけ字間を詰めても美しく見える

ファッションは楽しい。	標準（ベタ打ち）
ファッションは楽しい。	カタカナだけ「より狭く」

ワードとパワポの字間設定

文字組みにおける字間の調整を**カーニング**といいます。カーニングを適切に設定すると、字間の不自然さがなくなり読みやすい文章になります。

ワードは［フォント］ダイアログボックスの［詳細設定］タブの「文字幅と間隔」で設定します。

パワポは［ホーム］タブの「フォント」の［文字の間隔］（または［フォント］ダイアログボックスの［文字幅と間隔］タブ）で設定します。

● ワードは「文字幅と間隔」で設定する

● パワポは「文字の間隔」で設定する

行間を変えて読みやすくする

　段落をレイアウトするときは、行と行の間隔（**行間**）の調整も必要です。行間を狭くすると、1つの段落としてまとまり感が出ますが、読みにくくなります。

　逆に広げると、一字一字は読みやすくなるものの、間延び感が出てしまいます。

　最適な行間は、1行の文字数と行数、書体と文字サイズが関係してきます。1行が長いと、視線を動かす距離が長くなり読みにくくなるので、行間を広げて行の流れをわかるようにします。

　逆に1行が短いと、視線は固定されますが内容が理解しづらくなるので、行間を狭めて読みやすくするといいでしょう。

　1行の文字数が多いときは、行間を広めに取って字間を少し詰めると、いい感じの段落になります。何度か設定を試しながら、1行の読みやすさを確保しつつ、美しく感じる行間を見つけてください。

ワードとパワポの行間設定

　ワードやパワポにおける行間とは、「前の行の文字の上部」から「次の行の文字の上部」までの距離のことです。つまり、「文字の大きさ+前行と次行の空き」が行間になります。

　例えば、文字サイズが11ポイントのとき、行間を11ポイントに設定すると、行と行がぴったりと重なり合う行間になります。

　パワポは標準設定ではベタ打ちの文章の行間が狭く見え、字面の大きい書体のメイリオを使うと、行間が空きすぎる傾向があります。

　総じて、行間は1文字分の高さより少し狭いくらいの値、具体的にはフォントサイズの70%程度（約0.7文字分）、または2～6ポイント多いくらいの値を目安にするといいでしょう。

● 文章は24ポイントのベタ打ち。
　パワポの標準設定では狭すぎる感じがする

> 福祉用具レンタルの市場規模は、2018年度で2,899億円でした。今後、高齢者・介護関連製品・サービス市場は2025年に3倍超の9,254億円が予測されています。シニアが急増する日本国内では、介護施設は明らかに不足しています。どれだけ増やしてもこれは追いつかない数字なのです。ここでチャンスになるのが "在宅介護" というマーケットです。施設を増やすのではなく、なるべくお家に帰ってもらい、在宅での介護を進める考え方がますます高まっています。

● 行間を広げてみた（行間を［固定値］、間隔を［32pt］）

> 福祉用具レンタルの市場規模は、2018年度で2,899億円でした。今後、高齢者・介護関連製品・サービス市場は2025年に3倍超の9,254億円が予測されています。シニアが急増する日本国内では、介護施設は明らかに不足しています。どれだけ増やしてもこれは追いつかない数字なのです。ここでチャンスになるのが "在宅介護" というマーケットです。施設を増やすのではなく、なるべくお家に帰ってもらい、在宅での介護を進める考え方がますます高まっています。

● さらに字間を狭くしてみた（字間を［狭く］） Good

> 福祉用具レンタルの市場規模は、2018年度で2,899億円でした。今後、高齢者・介護関連製品・サービス市場は2025年に3倍超の9,254億円が予測されています。シニアが急増する日本国内では、介護施設は明らかに不足しています。どれだけ増やしてもこれは追いつかない数字なのです。ここでチャンスになるのが "在宅介護" というマーケットです。施設を増やすのではなく、なるべくお家に帰ってもらい、在宅での介護を進める考え方がますます高まっています。

● 行間とは「文字の大きさ」+「前行と次行の空き」

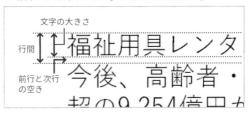

● パワポは［段落］ダイアログボックスの「間隔」で設定する

27 最適な文字サイズを見つける

Key word
▼
文字
サイズ

紙面に配置された文字は、大きいものが必ず目立つわけではありません。訴えたいキーワードを大きくしても、ほかの本文と同じサイズでは五十歩百歩、どんぐりの背比べです。配置した情報要素の役割と伝えたい優先順位を考えて、相対的なサイズを考えてレイアウトしましょう。

文字に強弱を付けてリズムを出す

　紙面の中の文字は内容によって役割があり、その役割によって最適な文字サイズが異なります。大声で喧伝するタイトル。本文へ誘う見出しとキーワード。内容を説明する本文。それぞれの文字が持つ役割を果たすには、それに合った文字サイズを与えることが必要です。それには文字のサイズを相対的に決めることがポイントです。

　強調したいタイトルやキャッチコピーは大きなサイズに、丁寧に読んでもらいたい本文は読みやすい大きさで、それ以外は小さくします。迫力と落ち着きの強弱を付けると、メリハリが効いてリズムが出ます。それによって読み手の理解が深まります。

タイトルは大胆に大きく

　ここでお勧めしたいのは、タイトルや見出しは、「大胆に思い切って大きくする」ことです。レイアウトのバランスを崩さない範囲で文字サイズを大きくし、インパクトのあるフォントを使います。

　「品がなくなるから大きな文字にしたくない」という人もいるでしょう。でも、ビジネス資料は相手に意図を伝え、同意を得て、行動に移してもらうためのもの。まずは大きな文字で「おやっ？」と思わせて、中身に目を向けさせることが大切です。

　1つの紙面で使用する文字サイズは、3つ程度が妥当です。一概には言えませんが、パワポで作るスライドの本文は24〜32ポイント、出力して提出する資料は10〜12ポイントを目安にしてください。

✕ 文字サイズが同じだと、変化がなく単調になってしまう

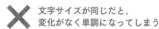
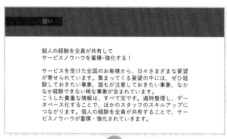

◯ 文字サイズを3つ程度に収めると、読み手の理解が進む

● 文字サイズの目安

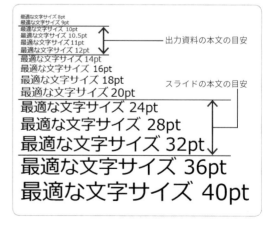

最適な文字サイズ 8pt
最適な文字サイズ 9pt
最適な文字サイズ 10pt
最適な文字サイズ 10.5pt　出力資料の本文の目安
最適な文字サイズ 11pt
最適な文字サイズ 12pt
最適な文字サイズ 14pt
最適な文字サイズ 16pt
最適な文字サイズ 18pt　スライドの本文の目安
最適な文字サイズ 20pt
最適な文字サイズ 24pt
最適な文字サイズ 28pt
最適な文字サイズ 32pt
最適な文字サイズ 36pt
最適な文字サイズ 40pt

3つの文字サイズで紙面にリズムを作る

種類 ▶ 提案書 ｜ ポイント ▶ 文字にメリハリを付ける ｜ 対応アプリ ▶

変化に乏しく、読む気が失せる…。
簡潔にまとまっているのにもったいない…。

本文を少し大きめの14ポイントに統一した提案書。項目、見出し、本文の文字サイズに区別がないので、せっかく入れた見出しが目立ちません。文字サイズが同じなので統一感はあるものの、全体が平坦で読む人の意欲をそそらない紙面です。MSゴシックを使っているので古臭く感じます。

After

各項の見出しを大胆に大きく。
提案のポイントが否応なく目に入ってくる！

使っている文字サイズは、10.5、12、24ポイントの3種類。各項の見出しを24ポイントまで大きくし、長い文章は10.5ポイントに落としました。文字にメリハリが付いて、リズムよく上から読み進められます。フォントを游ゴシックに変えたことで読みやすさが一段とアップしています。

Before

新食材商談会の提案書

1. 意図
野菜で楽しむ産地と旬
当社は、定番の料理メニューが8割にのぼる。年4回は提供するメニューを変更しているが、食に敏感なお客様からは「物足りない」という声が少なくない。そこで素材に定評がある昼食メニューをリニューアルし、固定客の増加を狙いたい。新メニュー開発につながる食材探しと、当社ならではの「食のこだわり」に向けて、業者とのオープンな商談会を開催したい。

2. テーマ
四季の野菜再発見
〜五感が喜ぶ季節の食材探し〜

実を食す	根を食す	葉を食す
ししとうがらし ズッキーニ にがうり オクラ	かぶ ヤーコン ウコン れんこん	エンダイブ トレビス チコリ つるむらさき

3. 概要
取引先の活性化
当社ホームページ等にて募集と告知を行う。現取引先（仕入れ先）のほか、取引を希望する新規業者にも参加を促し、取引先の活性化と企画の拡充を推進する。食材、ルート、量、価格を紙面にて提示し、応対者と基本ベースを商談する。

日時	2021年10月14日（木）・15日（金）
	13時〜16時
場所	東京本社 A〜D会議室
募集方法	ホームページにて募集
告知手段	現取引先：営業担当者より連絡
	新規取引先：ホームページにて告知
問合せ	現取引先：各営業担当者
	新規取引先：食品管理部 佐藤祐也
	TEL 03-1234-5678　FAX 03-1234-9999

After

新食材商談会の提案書

1. 意図
野菜で楽しむ産地と旬
当社は、定番の料理メニューが8割にのぼる。年4回は提供するメニューを変更しているが、食に敏感なお客様からは「物足りない」という声が少なくない。そこで素材に定評がある昼食メニューをリニューアルし、固定客の増加を狙いたい。新メニュー開発につながる食材探しと、当社ならではの「食のこだわり」に向けて、業者とのオープンな商談会を開催したい。

2. テーマ
四季の野菜再発見
〜五感が喜ぶ季節の食材探し〜

実を食す	根を食す	葉を食す
ししとうがらし ズッキーニ にがうり オクラ	かぶ ヤーコン ウコン れんこん	エンダイブ トレビス チコリ つるむらさき

3. 概要
取引先の活性化
当社ホームページ等にて募集と告知を行う。現取引先（仕入れ先）のほか、取引を希望する新規業者にも参加を促し、取引先の活性化と企画の拡充を推進する。食材、ルート、量、価格を紙面にて提示し、応対者と基本ベースを商談する。

日時	2021年10月14日（木）・15日（金）
	13時〜16時
場所	東京本社 A〜D会議室
募集方法	ホームページにて募集
告知手段	現取引先：営業担当者より連絡
	新規取引先：ホームページにて告知
問合せ	現取引先：各営業担当者
	新規取引先：食品管理部 佐藤祐也
	TEL 03-1234-5678　FAX 03-1234-9999

見出しが重く感じないように緑色文字で調整した

28 | 見出しを作って主題を表に出す

Key word
▼
見出し

ビジネス資料では、デザインの善し悪しより「すぐにわかるか」が大切。読もうとするか、読むのをあきらめるかは、パッと見て判断されてしまいます。「自分に必要な情報が書いてある」とわかれば、読まれる確率は高まります。見出しを入れて読み手を誘い込みましょう。

見出しは双方にメリットあり

消極的な読み手を誘うには、見出しを付けるに限ります。見出しは、「内容を一言で言うと…」と書き出す作業に似ています。文脈にふさわしいキーワードを取り出し、主題を表に出してあげるのです。

見出しがあると、読み手は「とりあえず次の見出しまで読んでやろう」と考えます。つまり、読む努力の目標が立ちますし、読みたくない人でさえ、否応なく目に入ります。

適切な言葉で表された見出しは印象的になり、読み手にスムーズな理解を促します。一方、作り手側は、文章の吟味と整理ができます。見出し作りは、読み手と作り手の双方にメリットがあるわけです。

見出しで紙面の表情が変わる

見出しには、文意を表す一言やキーワードを使うのが一般的です。見出しに結論を忍ばせれば、要約としても、読み手が文章内容を判断する材料としても使えます。カジュアルなプレゼンならば、キャッチコピーを入れて楽しく作るのもいいでしょう。

相手に伝えたい内容と求める行動によって、最適な見出しは変わります。シンプルに言うなら「名詞」、状況や姿を伝えるなら「修飾語＋名詞」、行動を訴えるなら「動詞」で表します。

見出しの文字は、本文より太いフォントを使うか、大きなサイズにするといいでしょう。また、色文字に変えて、アクセントを加えると美しく見えます。

見出しは本文への誘い水であり、埋没している情報を表に出すもの。唐突に用意しないで、自然な雰囲気でレイアウトしてください。

 汲々とした段落の文章は、読む努力が必要になる

 見出しを付けるだけで、主題がはっきり見えてくる

 色文字でリズムを出すと、つい読みたくなってくる

Example

見出しを付けて読みたくなる紙面にする

種類 ▶ 提案書 ┃ ポイント ▶ 見出しを挿入する ┃ 対応アプリ ▶

文章量が多い紙面こそ、「読みたい」と思わせる親切なレイアウトが必要…。

長々と書かれた文章は、まるで「読め」と強要しているようなもの。文章量が多いレイアウトでは、気持ちよく読んでもらう工夫が不可欠です。見出しを入れるだけで、読みやすさが格段にアップするはずです。

本文中に適度な間隔で見出しを挿入。紙面がグッと引き締まった感じに！

端的な結論となる3つの見出しを作りました。見出しは色ベタ白抜き文字で存在感をアップ。これで文章にまとまりが出て、せっかちな相手には、見出しの拾い読みという攻略方法ができました。ただし、見出しを突出させるとアンバランスになり、内容を言い当てていないと読み手が混乱するので注意しましょう。

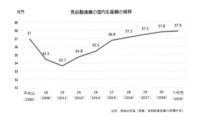

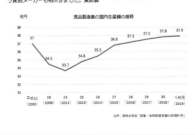

見出しは一息つける場所であり、主題を匂わす場所だ

キャッチーな一言で言い表す

読み手の気持ちを引きつけるキャッチコピーがあると、資料に期待感が生まれます。プレゼン資料でのキャッチコピーの役割は、読み手のために、説明を省いてスムーズに理解してもらうことです。

よって、「インパクトがある」というよりは、「内容がわかる」キャッチコピーがいいでしょう。それを読んで、次に続く本文の内容が想像できればいいのですから。

内容に合った言葉を抜き出す

私たちにもできそうなのは、本文の内容に合ったキーワードを抜き出して、それをキャッチコピーにすることです。

キーワードは言葉であって文章ではありません。内容を端的に表す短い言葉は、強く記憶に残るようになります。

キャッチコピーは、とにかく単純明快にすること。本文を読まなくても内容が想像できるものがベストです。資料を作る過程で、全体に堅い雰囲気が充満してきたら、キャッチコピーを入れて雰囲気を和らげてみるのもいいでしょう。

プレゼン時には、本文を読むのをあきらめた相手でも、キャッチコピーだけは読んでもらえます。ぜひ、キャッチコピーを味方に付けてください。

表紙タイトルにも気を使う

資料を作る上で、案外雑に扱っているのが表紙タイトルです。企画の中身を何度も推敲するのに、表紙タイトルは「○○のご提案」や「○○について」で終わらせている人が少なくありません。

言うまでもなく、表紙タイトルは読み手が最初に目にする部分。上手くタイトルを作れば、資料を読みたくない人にはページをめくらせ、高をくくっている人には興味を抱かせる箇所です。

本来、強くアピールできるはずの表紙タイトルをおざなりにしては、何とももったいない話です。

表紙タイトルは見出しを作るときと同様に、曖昧な言葉を使わず、内容を代弁する具体的な言葉を見つけて表現してください。

● キャッチコピー作りのポイント

1

単純明快な言葉を使うこと

2

一言で内容が想像できること

3

期待感があると、よりいい

● 端的な言葉で、読み手の心をつかむようにしよう

✕ 来年以降の不動産価格の予測

⬇

○ 五輪後も不動産価格は値崩れしない

✕ テレワークの現在と未来

⬇

○ 出勤者7割減の秘策はコレだ！

✕ DXで加速するバックオフィスの生産性

⬇

○ DXはオフィスの生産性を60%加速する

■ 英語で"らしさ"を伝える

　タイトルやキャッチコピーを知的で洗練された印象に変えたいなら、英語を使うといいでしょう。

　日本語だけだと「重く」「野暮ったく」見える文言も、英語で表記するだけでスマートな印象に見えてきます。

　英語を使うときは、メインタイトルそのものを英語で表記する方法と、サブタイトルを併記する方法があります。

　日本語と英語の組み合わせは、言語のコントラストを高めてデザインを引き締めてくれます。また、メッセージが持つ"らしさ"を増幅してくれる効果もあります。

　プレゼンの内容と意図によって、中国語やフランス語といった他の外国語にも挑戦してみましょう。

● 味気ない表紙タイトルでは、
　どんなテーマが書かれているか期待できない

● 英語は大胆に大きく作る方が、
　スタイリッシュになって印象に残りやすい

● 内容の本質を突く文言をサブコピーに添えると、
　英語がより引き立つ

29 ｜ 箇条書きで長い文章をすっきり見せる

Key word
▼
箇条書き

言いたいことを盛り込もうとするほど、文章は長くなりがちです。長い文章は意図を理解しながら読み通すには頭が疲れますし、読む前から圧迫感を感じてしまうもの。ビジネス資料における文章はできるだけ短く、文言は少なければ少ないほど、読み手に好まれます。

箇条書きで"見える文章"に

読み手のことを考えると、最低でも文章は2、3行に1回改行するのが基本です。プレゼンを含む企画書や提案書であれば、接続詞を使わずに文を切り分けて書くのがいいでしょう。

長い文章をすっきりさせるには、**箇条書き**がベストです。箇条書きにすると情報が整理され、埋もれていた重要な言葉が目に入るようになります。複数に渡っていた行構造がビジュアル化されて、"見える文章"に生まれ変わります。そこでは文章という固まりに隠れていた真意が短い文言に先鋭化され、確実に読みやすくなります。

「1項目を1行」で書く

箇条書きは、余分な語句は削ってすべからく簡単に表現しましょう。ダラダラ書いてしまうと箇条書きにした意味がなくなるので、簡潔に「1項目を1行」で書きます。

箇条書きには、短い文章（言葉）を並べるだけの方法から、体言止め（名詞や代名詞、数詞で終わる文）やコロン（：）を挟んで記す方法など、いろいろな書き方があります。

通常、文章の場合は句点（。）を付け、体言止めの場合は句点を省略します。1行の文字数は、できるだけ揃えた方が美しく見えます。

箇条書きにするときは、右のようなことを意識するとわかりやすくなります。

 読み手が求めるのは、「とにかく手短に」だ

太陽エネルギーの現状と課題

 箇条書きにするだけで主題がはっきり見えてくる

太陽エネルギーの現状と課題

● 箇条書きにするときのポイント

1 グループ分けをする
項目数が多くなった場合は、グループごとに整理したり階層化したりすると、理解しやすくなる。

2 規則性を持たせる
重要な順、時間順、五十音順など、読み手がしっくりくる順番を考えて上から並べる。

3 文頭に記号などを付ける
通常は行頭に黒丸や中点（・）を付ける。手順や順位、数量を表すときは「(1)」や「①」などの数字を付けると、わかりやすくなる。

箇条書きにして読みたくなる紙面に変身させる

種類 ▶ 提案書 ┃ ポイント ▶ すっきり見せる ┃ 対応アプリ ▶

Before

**項目と文章で埋め尽くされた紙面。
「読もう」という気にはならない…。**

溢れる思いを書き連ねて、長い文章になってしまったよく見かける資料です。読み手に読んでもらうことは、負担をかけるということ。企画を通そうとするならば、読まずにわかってもらうことが大事です。

After

**割り切った箇条書きの企画書なら、
シンプルでポイントがつかめて一挙両得！**

各項の文章をすべて箇条書きにまとめました。すっきりしていて簡単に要点がつかめる紙面です。下方は数値の段落番号と階層化でより見やすくしました。箇条書きを階層化するには、[インデントを増やす] ボタンや、段落行の末尾で改行した後に Tab キーを押します。

Before 資料

ビッグデータによる品揃え改善案
Improvement of the assortment by big data

■ 背景

これまで売れる商品を中心に陳列することで、購買率を上げてきた。しかし、ここ数年はヒット品が必ずしも、消費者の購買意欲を刺激しているわけではないことがわかってきた。これは、店に行けば必ず置いてあるという嗜好中心の購買であり、同じ商品を何度も購入するリピート率の重要性である。このような隠れヒット商品を見つけ、固定客の来店を促す商品提供が重要になっている。

■ 目的

「どんな消費者が、いつどこで何を買ったか」という消費の実態は、ビッグデータの解析で把握できる。具体的には、POSデータとポイントカードの利用履歴を相互に掛け合わせて解析することで、前述した隠れヒット商品（高リピート率商品）を発見し、新商品の購買傾向を性別、地域、年齢、天候などに応じて詳しく把握できる。本提案は、ビッグデータを収集・分析して、需要予測による商品の品揃えと、店内の商品陳列の最適化のために徹底活用することである。

■ 改善内容

ビッグデータで使用するのは、当社のPOSシステムと1千万人の共通ポイントカード。このポイントカードの利用履歴をベースに、ツイッターなどのSNS情報を組み合わせて、購買動向を詳しく把握する。これまで勘で行っていた仕入れ発注は、ビッグデータを駆使して適正、かつ機会ロスをなくした商品陳列で売り場の改善を行う。隠れヒット商品を見つけ出し、販売の機会ロスを防ぎ、固定客につながる品揃えの制度を飛躍的に高める。

データ分析と活用へのプロセスとしては、まず、情報の出所を明確にする。店頭（当社店舗）なのか、インターネット（ショッピングサイト）なのかである。次に、情報の種類をはっきりさせる。ポイントカードの利用履歴（POS）やSNSの書き込みとつぶやきである。その後、回帰分析やクラスター分析、因子分析などデータ分析を行い、有意なデータを見つける。見つかったデータは、予測による商品の品揃えや、店内の商品陳列の最適化といった活用策を実施する。このようにビッグデータを収集・分析し、それを戦略的に生かすことが本企画の改善ポイントになる。

After 資料

ビッグデータによる品揃え改善案
Improvement of the assortment by big data

背景 ——————
- ■ 必ずしも、ヒット商品が購買意欲を刺激していない。
- ■ 嗜好中心の購買行動である。
- ■ リピート購入が重要になってきている。
- ■ 固定客の来店を促す商品提供が重要だ。

目的 ——————
- ■ 隠れヒット商品（高リピート率商品）を発見する。
- ■ 購買傾向を属性で詳しく把握する。
- ■ 需要予測による正しい商品の品揃えを行う。
- ■ 店内の商品陳列の最適化を図る。

改善内容 ——————
- ■ 1千万人の共通ポイントカードをビッグデータに使用。
- ■ ポイントカードの利用履歴とSNS情報を組み合わせる。

＜データ分析と活用へのプロセス＞
1. 情報の出所
   ① 店頭（当社店舗）
   ② インターネット（ショッピングサイト）
2. 情報の種類
   ① ポイントカードの利用履歴（POS）
   ② SNSの書き込みとつぶやき
3. データ分析
   ① 回帰分析
   ② クラスター分析
   ③ 因子分析など
4. データ活用
   ① 需要予測による商品の品揃え
   ② 店内の商品陳列の最適化

行頭文字がついた段落は、等幅フォントを使って1字下げすると、複数行の段落の先頭がきれいに揃う

箇条書きが階層化されると、情報の大小関係がひと目でわかる

30 美しい箇条書きで読み手の理解を深める

Key word
▼
行頭文字/段落
番号/ぶら下げ

箇条書きで大切なのは、1つ1つを独立させてはっきり見せることです。●や■などの**行頭文字**、1.や(1)といった**段落番号**を使えば、存在感が出てきれいに整列させることができます。1行単位と2行以上の箇条書きを美しくするコツを心得ておきましょう。

■ 箇条書きで1つ1つを意識させる

文章を簡潔に伝えられる箇条書きですが、読み手に行の先頭を意識させ、1つ1つの文を区別して明確にするには、行頭文字や段落番号が有効です。

よく使う行頭文字は●や■といった記号です。パワポとワードでは、[ホーム]タブの「段落」の[箇条書き]から行頭文字を選択して入力します。

一方、記号ではなく数字付きにした方がわかりやすい場合もあります。順番や流れ、個数を意識させたいなら連番の数字による箇条書きがいいでしょう。[ホーム]タブの「段落」の[段落番号]から任意の種類を選んでください。

行頭文字と段落番号は色やフォント、サイズを変えたり、画像を利用することもできますので、紙面に一工夫欲しいときに試す価値ありです。

■ 箇条書きを見やすくする

箇条書きを作る際には、内容に合った行頭文字を選んでください。内容がカジュアルな提案であれば、◎や✓が適しているかもしれません。紙面に四角形の図解が多いようなら、色付きの■にして混雑感を解消するのもアリです。

紙面の内容と雰囲気に合わせて一定のルールを決めれば、全体に統一感が出て箇条書きが一層読みやすくなります。

● 行間を調整してまとまりを区別すると見やすくなる

ネット予備校について

<メリット>
① 時間と場所を選ばず授業が受けられる
② 一般の予備校に比べて費用が安い
③ 何度でも講義を聞くことができる
④ 過去の問題を自由にダウンロードできる

<デメリット>
① 生の授業に比べ緊張感や強制力がない
② 積極的に学ぶ強い姿勢が必要になる
③ 疑問が生じた時点で講師に質問できない
④ 授業内容を相談する仲間ができにくい

● 順番を説明するなら、数字付きの箇条書きが最適だ

新入社員に求められるスキル Top10

1.	当たり前の「常識力」	71.2%
2.	ここから始まる「挨拶力」	60.8%
3.	よい関係を作る「会話力」	56.5%
4.	分かろうとする「理解力」	49.3%
5.	自分から前に出る「行動力」	45.8%
6.	絶対へこたれない「精神力」	35.1%
7.	周りを元気にする「体力」	33.0%
8.	魅力を感じる「人間力」	30.6%
9.	大胆かつ繊細な「判断力」	28.4%
10.	変化に対応する「応用力」	26.7%

● 箇条書きを見やすくするポイント

 箇条書きは5つ程度が理想。
多いと箇条書きの意味が薄れる。

 行間を適度にとって、
全体の窮屈さや間延び感を解消する。

 情報に優先度があるときは、
階層を作る（次ページを参照）。

 ページごと、階層ごとに
使用する種類を統一する。

段落の階層を作る

　作成する箇条書きの中には、情報の優先順や包含の度合いによってレベルが異なるものもあるでしょう。そのような情報は、階層化した方が内容の意味がしっかり伝わります。併せて、上位と異なる行頭文字や段落番号にすると、より美しく見えます。

　箇条書きを階層化するには、［ホーム］タブの「段落」にある［インデントを増やす］をクリックする（または行頭で Tab キーを押す）だけでレベルが1つ下がります。下がった階層を上げるときは［インデントを減らす］をクリック（または行頭で Shift ＋ Tab キー）します。

■ 段落を作らずに改行する

　一方、箇条書きに対する説明文を次行に作りたいときがあります。具体的には、次行の説明文に行頭記号や段落番号が不要で、書き出し位置は揃えたい場合です。

　これは行末で Shift ＋ Enter キーを押すだけで、段落を作らずに（変えずに）改行ができます。これを「段落内改行」などといいます。

　見た目は改行されていますが、見出しとそれに続く本文は1つの段落として扱われます。

 箇条書きする情報に差異を付けないと、読み手の理解は深まっていかない

> プレゼンのポイント
>
> 1. 聞き手である対象者を知る
> 2. 最初に読む人は？
> 3. キーパーソンは？
> 4. 最終的に決める決裁者を知る
> 5. 現場責任者
> 6. 社長
> 7. 対象者が求める評価基準を知る
> 8. 将来的な事業の継続性
> 9. 投資コストと費用対効果
> 10. 実行手順と運用体制

 箇条書きに階層を付けると、情報の意味と作り手の意図が感じられるようになる

> プレゼンのポイント
>
> 1. 聞き手である対象者を知る
>   ① 最初に読む人は？
>   ② キーパーソンは？
> 2. 最終的に決める決裁者を知る
>   ① 現場責任者
>   ② 社長
> 3. 対象者が求める評価基準を知る
>   ① 将来的な事業の継続性
>   ② 投資コストと費用対効果
>   ③ 実行手順と運用体制

 行末で Enter キーを押すだけでは、行頭文字が付いた改行になるだけだ

> ＜会社案内の改訂＞
>
> 🖊 キャラクターを使う
> 🖊 キャラクターを使って「わかりやすく」「楽しい」会社案内を作ります。読ませるより魅せる紙面とし、元気でポップな印象を伝えます。
> 🖊 技術をメインに
> 🖊 当社の強みであるシステム開発部をメインに紙面を構成します。受注業務と独自開発の技術力、先端技術開発機構への参加などを紹介します。
> 🖊 リクルートを意識して
> 🖊 学生と転職者を中心に据えた編集方針で作成します。業務内容、キャリアアップ制度など、ビジネスライフの視点を充実させます。

 Shift ＋ Enter キーなら段落内で改行され、箇条書きと解説がはっきり区別できる

> ＜会社案内の改訂＞
>
> 🖊 キャラクターを使う
> 　キャラクターを使って「わかりやすく」「楽しい」会社案内を作ります。読ませるより魅せる紙面とし、元気でポップな印象を伝えます。
> 🖊 技術をメインに
> 　当社の強みであるシステム開発部をメインに紙面を構成します。受注業務と独自開発の技術力、先端技術開発機構への参加などを紹介します。
> 🖊 リクルートを意識して
> 　学生と転職者を中心に据えた編集方針で作成します。業務内容、キャリアアップ制度など、ビジネスライフの視点を充実させます。

段落をまとめて美しく見せる

　一般的なビジネス資料は、1行単位の箇条書きや、文字量を抑えた**段落**で構成されるシンプルな紙面が中心です。段落とは、複数の文章からなるひとまとまりのことです。

　パワポやワードでは、文章を入力し始めて[Enter]キーが押されるまでが1つの段落になります。行頭文字や段落番号は、段落を単位として扱われます。

■ ルーラーでぶら下げを設定する

　さて、複数にわたる段落を箇条書きにするときは、2行目以降の行頭位置を揃える**ぶら下げ**を調整する必要があります。

　行頭文字などの機能を実行すると自動的に揃えられますが、好みの距離に設定したい場合は、ルーラー上のぶら下げインデントをドラッグするか、［段落］ダイアログボックスの［インデントと行間隔］タブの「インデント」でぶら下がりの距離（文字数）を指定します。

　なお、ワードで行頭文字や段落番号がない段落を手早くインデントしたい場合は、[Ctrl]＋[M]キーで4文字分のインデントが設定でき、[Ctrl]＋[T]キーで4文字分のぶら下げが設定できます。解除するときは、[Shift]キーを加えて操作してください。

● ワードのインデントは行頭文字と最初の1文字の間は、標準設定では空きすぎるきらいがある（ワード）

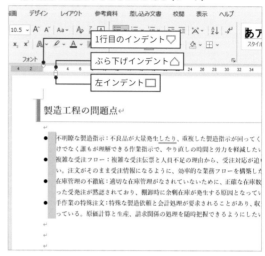

● ［ぶら下げ］の「幅」を［7.4mm］から［4mm］にしてみる

● 行頭記号と1文字目が詰まって、いい感じの距離感になった

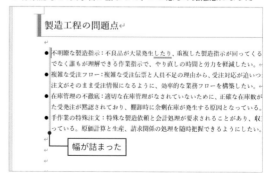

箇条書きを見やすくするポイント

パワポでインデントや箇条書きの位置を変更するには、[段落] ダイアログボックスの [インデントと行間隔] タブの「インデント」で調整します。

左端から行頭文字までの距離を「テキストの前」で、段落記号と1文字間の距離（インデントの幅）を「幅」で指定します。

● パワポでは、「テキスト前」の値より「幅」の値を小さく設定するといい

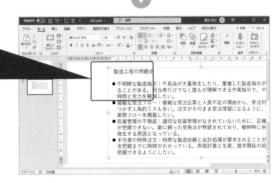

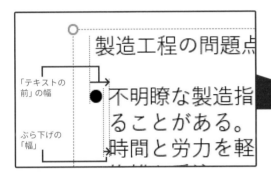

「テキストの前」の幅

ぶら下げの「幅」

また、複数の段落がある場合は平坦に見えないように、まとまりを持たせて次の段落との違いを付けた方がいいでしょう。ワードでは、「間隔」の「段落後」を [0.5行] にすると、段落間が0.5行分空いて区別がしやすくなります。

● 段落の箇条書きは、行頭とまとまり感を印象付ける工夫があるといい

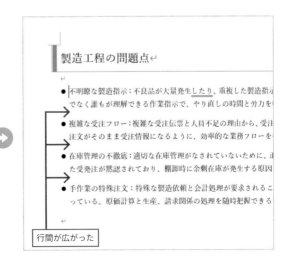

行間が広がった

31 | 覚えやすい3つで言い切る

Key word
▼
3つ

プレゼンや打ち合わせの場面では、時間や場所、雰囲気によって、読み手・聞き手の意欲をはぐらかす多くの誘惑があります。このような状況下でいくつもの情報を記憶に留めさせるのは至難の業。印象に残るプレゼンをしたいなら、魔法の数字「3」を上手く生かしてみましょう。

■ 情報は「3つ」にまとめる

　私たちは一度に多くの情報を記憶できません。そこで資料作りやプレゼンで使いたいのが「3」という数字です。この「3」がいかに魅力的かは、誰もが見聞きしてきたことです。

　五輪のメダルは「金・銀・銅」、教育の基本は「読み・書き・そろばん」、ポジティブ思考で「三度目の正直」、グッとこらえて「石の上にも三年」。「三部作」「三本の矢」「三角関係」など、例を挙げればキリがありません。

　この「3」という数字は、非常に記憶に残りやすい数字です。私たちは3つのものを並べると、安定感や安心感を抱く傾向があるようです。これは資料を作るときにも、ぜひ生かしたい特長です。

■「3つ」の特長を生かす

　なぜ3つがいいのか。

　まず、2つのモノを並べるより、3つを並べることで優先順位が生まれて記憶に残ります。

　次にリズムが出ます。ホップ・ステップ・ジャンプのようなリズム感で文言を読み進められます。

　そして、たった2つではなく奇数の3つになることで、構成する情報に広がりが出てきます。

　5つでは覚えられず、2つだと忘れてしまう。なぜか、「3」という数字は記憶に残ります。項目を列挙するときは、「3つに絞り切る」または「3つのグループに分ける」のいずれかで訴求するといいでしょう。

● なぜか「3」だと、リズミカルに覚えられる

> 早起きは三文の得
> 三人寄れば文殊の知恵
> 色の三原色は「赤・黄・緑」
> 三権分立は「司法・立法・行政」
> 国民の三大義務は「教育・勤労・納税」
> 非核三原則は「核を持たない・作らない・持ち込ませない」
> 大相撲の三役は「大関・関脇・小結」
> 野球では「三振・スリーアウト・三冠王」
> 日本三景は「松島・宮島・天橋立」
> 世界三大発明は「火薬・羅針盤・活版印刷」
> 大・中・小
> 現在・過去・未来
> 上流・中流・下流
> 当事者・関係者・第三者
> 三位一体
> 三つ巴
> 三顧の礼
> ビッグスリー
> 日本の裁判制度は三審制
> 心とは知・情・意の働き
> 世界は陸・海・空からなる

● 3つの段落だと、流れがスムーズに感じる

> まず…、次に…、そして…
> 最初に…、続いて…、最後に…
> はじめに…、本論として…、まとめると…
> 1つ目は…、2つ目は…、3つ目は…
> 1番目は…、2番目は…、3番目に…

文章の主旨を3つで言い表す

種類 ▶ 提案書 ｜ ポイント ▶ 3つにまとめる ｜ 対応アプリ ▶

Before

**ブロック分けした
情報比較のレイアウト。
でも、何となく
印象が薄い…。**

2つのサービスを比較したスライド。イラストが入って文章も長いわけではない。でも、何となくまとまりに欠ける…。こんなときは、思い切って箇条書きにするに限ります。しかも記憶に残る「3つ」で。

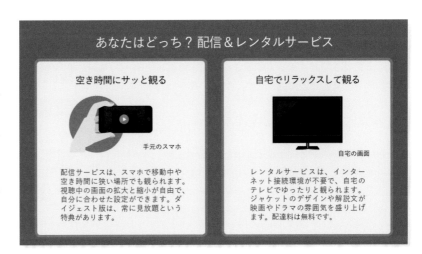

After

**文章を3つの箇条書きに
まとめた。
流れが出て、
読みやすくなった！**

読む文章を3つの箇条書きにまとめ直しました。それぞれの特徴がはっきりして、左右のサービスの比較がしやすくなりました。
矢印を加えたため、上から下へポンポンと流れていき、リズムのあるレイアウトになりました。

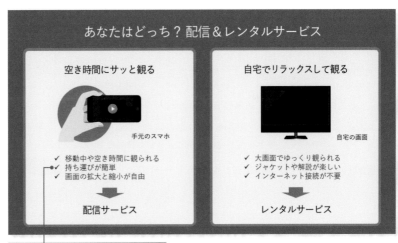

シンプルで印象的なレイアウトになった

32 | まとまりを持たせて情報を伝える

Key word
▼
グループ化

レイアウトしているうちに、似たような言い回しを繰り返したり、要素の関係性を無視して配置することがありませんか？　「くどいなぁ」「ここはどんな意味？」と読み手が悩んでしまっては、プレゼンの失敗は明らか。要素をまとめることで情報が整理され、理解しやすくなります。

■ 意味のあるグループを作る

多くの情報を的確に整理するには、関連する要素をまとめる**グループ化**が欠かせません。グループ化とは、同じ情報や似た要素をまとめることです。情報がグループ化されると、文章がすっきりしてメッセージが明確になります。

情報を効果的にグループ化するには、意味のあるまとめ方をすることが重要になります。基本的には、言いたいことや属性で共通する内容であれば、グループ化して構いません。次のような手順でグループ化を行うといいでしょう。

① 情報をグループ分けする

同類の情報や関係のある項目、同じ属性の要素をまとめます。この時点で情報量に変化はありません。

② 共通項を取り出す

必要なものだけを残し、不要なものは捨てます。情報がすっきりして大事なメッセージが見えてきます。

③ キーワードや見出しを付ける

共通する文言やキーワード、見出しを作ります。情報の特性と主張が鮮明になります。

④ レイアウトする

関係の強い要素を近づけて、関係の弱いものとは広い空白で距離を置きます。グループを罫線で囲んだり、背景に色を付けて区分を明確にします。

 ありがちなのは、ただ数字を並べるだけのつまらないプレゼンだ

事業別売上高

単位：億円

	2020年	2021年	対比
塩ビ事業部	1,400	1,700	121%
シリコーン事業部	1,000	1,400	140%
精密材料事業部	900	800	88%
電子材料事業部	850	1,000	117%
半導体事業部	710	550	77%
有機合成事業部	550	320	58%
ライフサイエンス事業部	400	270	67%
ヘルスケア事業部	350	640	182%
国際事業部	300	310	103%

 空きを作り、色を加えるだけでも情報が区別できる

事業別売上高

単位：億円

	2020年	2021年	対比
ヘルスケア事業部	350	640	182%
シリコーン事業部	1,000	1,400	140%
塩ビ事業部	1,400	1,700	121%
電子材料事業部	850	1,000	117%
国際事業部	300	310	103%
精密材料事業部	900	800	88%
半導体事業部	710	550	77%
ライフサイエンス事業部	400	270	67%
有機合成事業部	550	320	58%

 Good 丁寧にグループ化すると、伝えたいメッセージが見えてくる

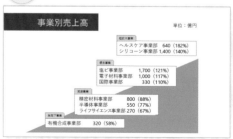

事業別売上高

単位：億円

拡大事業	ヘルスケア事業部 640（182%） シリコーン事業部 1,400（140%）
通常事業	塩ビ事業部 1,700（121%） 電子材料事業部 1,000（117%） 国際事業部 330（110%）
苦戦事業	精密材料事業部 800（88%） 半導体事業部 550（77%） ライフサイエンス事業部 270（67%）
最重点事業	有機合成事業部 320（58%）

グループ化した情報をストーリーに乗せる

種類 ▶ 提案書 ┃ ポイント ▶ グループ化する ┃ 対応アプリ ▶

**単なる箇条書きで
終わっている…。
理由や背景を感じさせ
ないと説得力が弱い…。**

新システム導入に際して、事前調査すべき項目の紹介ページです。
調査項目を現行と将来に関することで分けていますが、ただの箇条書きで終わっています。
「なぜ、その項目の調査が必要なのか?」が感じられないと、提案の理由に説得力が出ません。

新システム導入に向けた事前調査

現行に関すること

1. 使用ソフトの種類
2. ソフトの利用部門と利用者
3. ソフトの利用頻度
4. 現在の資産額
5. 運用コスト（年）
6. 更新時期と更新費用（年）
7. 専任担当者と業務量
8. 間接担当者と業務量
9. 問題点と課題

将来に関すること

1. 業務プロセスの変化
2. 業務効率の変化
3. ソフトの利用部署の変化
4. ソフトの利用者数の変化
5. 運用コスト（年）の変化

**提案の意図がわかる
キーワードでグループ化。
要素間の関係性が
はっきりした!**

現在に関することを2グループに分け、文言の重複を避ける表現に訂正しました。何のための調査項目かが明確になりました。
また、矢印ブロックで流れを作ったので、「分析・診断」という事前調査の目的がわかりやすく伝わります。

新システム導入に向けた事前調査

現在

システムの利用状況
① 使用ソフトの種類
② 利用部門と利用者
③ 利用頻度
④ 問題点と課題

人と金の投入状況
① 現在の資産額
② 運用コスト（年）
③ 更新時期と更新費用（年）
④ 専任および間接の担当者と業務量

将来

① 業務プロセスの変化
② 業務効率の変化
③ ソフト利用部署と利用者数の変化
④ 運用コスト（年）の変化

分析・診断

グループ化と流れでストーリーが見える

33 文章を段組みにして読みやすくする

Key word
▼
段組み

段落を組むときに悩むのが1行の文字数です。長すぎると文字を追う目線移動に負担がかかり、短すぎると改行ばかりで落ち着きません。1行の適切な文字数は、紙面の内容とレイアウトで変わりますが、**段組みをするのもいい手です**。推敲しながらレイアウトの調整ができます。

▮ 段組みは紙面が効率的に使える

ビジネス資料は、簡潔であることが基本です。でも「どうしても文章を減らせない」こともあるでしょう。そんなときは段組みを使ってみましょう。

段組みとは、文章を2列や3列にしてレイアウトすること。読みやすくなると同時に、窮屈になりがちな紙面スペースを効率よく使えるようになります。

▪ 段組みのメリット

❶ 文章が読みやすくなる
❷ 文章にメリハリが付く
❸ 紙面に変化が出る
❹ 図版と一体化してレイアウトできる

▮ 段組みで読み手の心をつかむ

段組みは2段、3段、それ以上を設定することができます。紙面全体を段組みにしたり、ある数行だけを段組みにすることもできます。文字サイズや1ページの行数も含めて、内容に合わせて自由に設定してください。

なお、1行の文字数が多い段落では、読み手の視線移動の負担を減らすために、通常より行間を広くするといいでしょう。

パワポでは、文章を入力したテキストボックスをクリックし、[ホーム]タブの「段落」にある[段組み]をクリックしたら、一覧から[2段組み]などを選択します。

ワードでは段組みしたい本文を選択し、[レイアウト]タブの「ページ設定」にある[段組み]から[2段]などを選択します。

● [段組みの詳細設定]で段と段の間隔を指定し、きれいに見えるようにする（パワポ）

● パワポ同様に、[段組みの詳細設定]で段間を指定。境界線を引くこともできる（ワード）

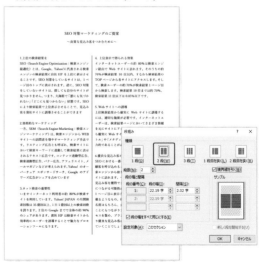

Example 2段組みの文章と写真を上手く組み合わせる

種類 ▶ 企画書 ┃ ポイント ▶ 文章を2段組みにする ┃ 対応アプリ ▶ P W

**タイトルと本文と写真をセンターに揃えた、
シンプルかつ王道のレイアウト！**

パワポで作った企画書の一部です。本文を2段組みにレイアウトし、フォントにメイリオを使って文字の窮屈感を解消しました。スペースを大きく割いて写真を大胆に配置し、被写体が持つ勢いを印象付けました。

自分を磨く婚活セミナー

企画主旨

出会いがない。
接し方がわからない。
自分に自信が持てない。
どうせダメだろう。

素敵な恋愛をしたいのに、理想が高かったりむやみに自分を卑下したり。これらの消極性を解決して、自分らしさに気づき、楽しい恋愛を楽しむ。そのために必要なコミュニケーション能力を身に付けられる講座を開講いたしました。その名も「婚活セミナー」です。

ここは男女がともに学ぶことで、より実践的なコミュニケーション力が磨けます。恋愛に必要な「相手の気持ちを読み取る力」そして「自分をアピールする力」を学びます。当講座で学んだコミュニケーション能力で、あなたは必ず笑顔になることでしょう。私たちは恋愛で成長したい方々を全力で応援します。

企画内容

男女で参加していただく体験型講座です。世界各地の俳優養成所などで導入されている、メソッドアクティング理論をベースに、自己開発訓練のトレーニングシステムから開発しました。

参加者の皆さまには、トレーニングシステムとして海外で開発されたプログラムを体験していただきます。当講座では、座学では得られない"学びの実感"を得ることができます。相手の心の動きを感じ取ること、実際に感じたその感情を丁寧に表現すること、相手の行動を期待する方向へ誘導することなど、多くのことを学びます。

「婚活セミナー」では、実践的なトレーニングによって自分の感情をコントロールし、相手を動かす方法を学習していただき、日々の生活における恋愛活動に生かしていただきます。

要素を自由にレイアウトできるのは、パワポの特長だ

**写真の輪郭に沿って文章を回り込ませ、
ビジュアルと一体化させたレイアウト！**

こちらはワードで作成しました。2段組みの段間は4.5文字分空け、標準フォントの明朝体を使っています。写真の背景を切り取り、文章を回り込むようにレイアウト。ビジュアルと文章を一体化させたレイアウトです。

自分を磨く婚活セミナー

企画主旨

出会いがない。
接し方がわからない。
自分に自信が持てない。
どうせダメだろう。

素敵な恋愛をしたいのに、理想が高かったりむやみに自分を卑下したり。これらの消極性を解決して、自分らしさに気づき、楽しい恋愛を楽しむ。そのために必要なコミュニケーション能力を身に付けられる講座を開講いたしました。その名も「婚活セミナー」です。

ここは男女がともに学ぶことで、より実践的なコミュニケーション力が磨けます。恋愛に必要な「相手の気持ちを読み取る力」そして「自分をアピールする力」を学びます。当講座で学んだコミュニケーション能力で、あなたは必ず笑顔になることでしょう。私たちは恋愛で成長したい方々を全力で応援します。

企画内容

男女で参加していただく体験型講座です。世界各地の俳優養成所などで導入されている、メソッドアクティング理論をベースに、自己開発訓練のトレーニングシステムから開発しました。

参加者の皆さまには、トレーニングシステムとして海外で開発されたプログラムを体験していただきます。当講座では、座学では得られない"学びの実感"を得ることができます。相手の心の動きを感じ取ること、実際に感じたその感情を丁寧に表現すること、相手の行動を期待する方向へ誘導することなど、多くのことを学びます。

「婚活セミナー」では、実践的なトレーニングによって自分の感情をコントロールし、相手を動かす方法を学習していただき、日々の生活における恋愛活動に生かしていただきます。

写真は文字列の折り返しで[外周]に設定した

UDフォントの利用は、多方面に広がっている

■■■

　年齢や障害の有無に関係なく、誰もが見やすく読みやすく作られているのが、ユニバーサルデザインフォント（UDフォント）です。UDフォントは、イワタUDゴシックやUD新ゴ（モリサワ）が有名ですが、Windows 10のメイリオやSegoe UIなどがその役目を果たします。

　現在ではWindows OSを最新状態にすれば、より字の違いがわかりやすいUDデジタル教科書体とBIZ UDPゴシック/明朝が標準フォントとして使用できます。

　UDデジタル教科書体は、学習指導要領に準拠した正しいかたち（書き方の方向や点、はらいの形状）を持ったフォントなので、タブレット端末を使うICT教育の現場で効果を発揮するといわれています。例えば、部首の「しんにょう」を含む文字を、従来のフォントと比べてみるとよくわかります。

　BIZ UD（P）ゴシック/明朝は、ビジネス文書向けに開発されたフォントです。もちろん普段使用でも違和感はありません。和文欧文が混在する文章には、"P"の付いたプロポーショナルフォントを選ぶといいでしょう。

● UDデジタル教科書体 N-R

温和
丁寧
やさしいUDフォントの世界
ABCIJOPQSYabcijopqsy1234567890,.?!#$
ばびぶべぼパピプペポ35689RBOCG

● BIZ UDゴシック

温和
丁寧
やさしいUDフォントの世界
ABCIJOPQSYabcijopqsy1234567890,.?!#$
ばびぶべぼパピプペポ35689RBOCG

● BIZ UD明朝

温和
丁寧
やさしいUDフォントの世界
ABCIJOPQSYabcijopqsy1234567890,.?!#$
ばびぶべぼパピプペポ35689RBOCG

4

思いが伝わる
デザイン力を
身に付けよう

イイ感じの資料を作ると、良好なコ
ミュニケーションが図れます。読み
やすさとわかりやすさを工夫したあ
とは、紙面を美しく仕上げていきま
しょう。

34 | 大きなサイズではっきりと強調する

Key word
▼
強調

文章にしても写真にしても、特定の要素を**強調**したいときは、大きなサイズでレイアウトするのが基本です。訴えたい言葉を大きくして、重要度が低い要素を小さく表現するのです。適切に強調された要素にはメリハリが付き、作り手の要望と自信が垣間見えるデザインになります。

■ 一箇所だけサイズを大きくする

　サイズを揃えて要素をレイアウトすると、統一感は出るものの単調な印象になってしまいます。これを解消する最も簡単な方法は、一箇所だけサイズを大きくして強調すること。極端にタイトルを大きくするだけでも、言葉の意味と雰囲気がストレートに伝わります。

　要素のサイズを大きくレイアウトするということは、「読ませる」より「見せる」ことにつながります。おおよその意味や印象を一瞬でつかんでもらえるため、ビジネス資料として好都合です。

　最初に大きなタイトルに目が行けば、本文への誘導もスムーズになるでしょう。ただし、あらゆる要素を強調してしまうと、結局何も強調したことにならないので注意しましょう。

 文字サイズが全部同じだと、単調でつまらない

企業向けデータ収集・販売サービス
「主婦の育成&戦力化計画」

1. 会社と主婦どちらも苦労
家事や育児の合間に働いて、収入を得たい主婦は多い。しかし、時間や場所、体制や融通性に制約が生じ、希望に合う就業ができないのが実情である。雇用する側も、繁忙期に能力ある戦力をすぐに確保できず苦労している状態だ。

2. 「使う」から「育てる」へ

 タイトルがはっきりすると、本文への誘導もスムーズ

企業向けデータ収集・販売
主婦の育成&戦力化計画

1. 会社と主婦どちらも苦労
　家事や育児の合間に働いて、収入を得たい主婦は多い。しかし、時間や場所、体制や融通性に制約が生じ、希望に合う就業ができないのが実情である。雇用する側も、繁忙期に能力ある戦力をすぐに確保できず苦労している状態だ。

2. 「使う」から「育てる」へ

■ イメージに迫力を持たせる

　大きな面積に写真がレイアウトされていれば、迫力が出て写真の持つイメージが強調されます。インパクトのある要素が1つあるだけで、読み手は引き付けられるもの。パンフレットや雑誌で使われる手法なので、それらを真似てみるのもいいでしょう。

　その際、主旨を言い表すタイトルや文言を入れて、内容が伝わるようにレイアウトするのがベストです。大きな写真は最初の「つかみ」であり、内容を読ませるための手段です。

● 大きな写真と適切なタイトルで、紙面に迫力を出す

We grow a housewife

企業向けデータ収集・販売
主婦の育成&戦力化計画

1. 会社と主婦どちらも苦労
家事や育児の合間に働いて、収入を得たい主婦は多い。しかし、時間や場所、体制や融通性に制約が生じ、希望に合う就業ができないのが実情である。雇用する側も、繁忙期に能力ある戦力をすぐに確保できず苦労している状態だ。

Example 写真を大きくしてイメージを増幅させる

種類 ▶ カタログ ｜ ポイント ▶ 迫力を出す ｜ 対応アプリ ▶

Before

**すっきりしているものの、
面白味や変化に欠けている…。**

リード文、写真、紹介文が整然ときれいに配置され、すっきりしたレイアウトになっています。しかし、面白味や変化が感じられず、読み手の印象に残るレイアウトとは言い切れません。会社の事業紹介なので、「どのような会社なのか」をパッとつかめる雰囲気が欲しいところです。

After

**大胆な構図で画一性を捨て、
インパクトを狙った！**

写真のサイズを変えて、イメージ情報に強弱を付けました。1つの写真を大きく見せるだけで、画一的で落ち着いた雰囲気から変化と迫力のあるレイアウトに一変します。写真の上に文字を置くときは、構図に空きのあるものを選ぶといいでしょう。

最新技術で人と社会を結ぶ

私たちが提供する製品は、なかなか目に触れる機会がありません。しかし、皆さんの身の回りには、確実に私たちの技術とサービスが溶け込んでいるのです。生活に役立つ価値を創造する。それが当社の使命です。私たちは"人と社会を結ぶ"テクノロジーで未来を切り拓いています。

光ファイバーを中心とした高品質で高性能な情報通信機器を開発・製造・販売しています。インターネットとモノがつながるIoTの世界を実現します。

➤ 光ファイバーケーブル
➤ 光コネクタ/接続部品
➤ 光応用機器

自動車に組み込まれる電装部品や電子部品を提供しています。何百という電子部品が使われる最新車の安全と安心の一翼を担っています。

➤ 自動車電装部品
➤ 自動車用OS

電子部品と伝送技術でデジタル社会のインフラを構築しています。ハードの供給から運用までをワンストップ・ソリューションで提供できるのが当社の強みです。

➤ 産業用電線
➤ 配電機器

本文の文字サイズを小さくして写真を強調

写真サイズを変えてメリハリを付けた

35 差異を付けてガラッと印象を変える

ビジネス資料だからと言って、几帳面な作りに固執する必要はありません。タイトルや見出しの一部のウエイト（文字の太さ）やサイズに**差異**を付けてみましょう。差異が大きいほど、言葉が力強く明確になり、印象が変わります。ガラッと印象を変えるには、大胆に差を付けるのがコツです。

ウエイトに差異を付けてリズムを出す

　読み手の心をつかむには、紙面の演出も必要です。手軽にできるのが、文字のウエイトやサイズを変えること。つまり、文字の重さと軽さの対比で紙面に変化を出すテクニックです。

　コツは、大胆かつ極端に要素間の差異を付けることです。特大と極小のように要素の差異が大きいほどリズムが出て、印象がガラッと変わります。その結果、伝えたいことが明確になり、読み手の視線を集めることができるようになります。

複数のキーワードを強調してみる

　複数のキーワードを強調する手もあります。1回の強調ではアクセントを感じるだけですが、ウエイトの変化が繰り返されることでリズム感が増し、デザイン的な面白さも期待できます。

　ウエイトの違いを明確にするには、ウエイトの弱い部分にLightなどの細い書体を使い、強い部分にBoldなどの太い書体を使って差異を極端にします。同じファミリーのフォントを使うと、統一感が出てレイアウトが整いやすくなります。

✕ よくまとまっているが、つまらない印象でもある

> 1. タレントを使ったイメージ戦略
> ● ジーンズ好きのタレントを使い、1年を通じて日常生活に溶け込む一着としてのイメージ広告を展開します。
> ● テレビCMは季節ごとに4種類、新聞広告は各媒体24回を基本ベースに実施します（スポット広告は別途）。
> 2. 雑誌広告での露出戦略
> ● 生活情報誌と熟年層向け雑誌を中心に、ファッション誌以外の紙媒体への広告出稿を行います。
> ● 純広のほかに、グルメ、スマホ、トレンドといった他業種とのタイアップ記事を積極的に立案します。
> 3. パブリシティの徹底戦略
> ● 認知度の低い40歳以上に対し、商品と社名を浸透させる各種のパブリシティを展開します。
> ● ファッション誌、トレンド誌、文芸誌を中心に、通年を見越して固定客につなげる積極的な施策を行います。

◯ 見出しのウエイトを上げるだけで小気味よい印象に

> ### タレントを使ったイメージ戦略
> 1. ジーンズ好きのタレントを使い、1年を通じて日常生活に溶け込む一着としてのイメージ広告を展開します。
> 2. テレビCMは季節ごとに4種類、新聞広告は各媒体24回を基本ベースに実施します（スポット広告は別途）。
>
> ### 雑誌広告での露出戦略
> 1. 生活情報誌と熟年層向け雑誌を中心に、ファッション誌以外の紙媒体への広告出稿を行います。
> 2. 純広のほかに、グルメ、スマホ、トレンドといった他業種とのタイアップ記事を積極的に立案します。
>
> ### パブリシティの徹底戦略
> 1. 認知度の低い40歳以上に対し、商品と社名を浸透させる各種のパブリシティを展開します。
> 2. ファッション誌、トレンド誌、文芸誌を中心に、通年を見越して固定客につなげる積極的な施策を行います。

● 文字のウエイトが変化すると、紙面に動きが出る

> 当社ブランドの**ファン拡大**に向けた**タレント**を使ったイメージ戦略と雑誌広告による**露出**戦略
>
> イメージ戦略は、ジーンズ好きのタレントを使い、日常生活に溶け込む一着としてのイメージ広告を展開します。また、テレビCMは季節ごとに4種類、新聞広告は各媒体24回を基本ベースに実施します（スポット広告は別途）。
>
> 露出戦略は、生活情報誌と熟年層向け雑誌を中心に、ファッション誌以外の紙媒体への広告出稿を行います。また、純広のほかに、グルメ、スマホ、トレンドといった他業種とのタイアップ記事を積極的に立案します。
>
> 同時に、パブリシティによる展開も行います。認知度の低い40歳以上に対し、商品と社名を浸透させる各種のパブリシティを展開します。ファッション誌、トレンド誌、文芸誌を中心に、通年を見越して固定客につなげる積極的な施策を行います。

余白を使って存在感を演出する

　文字強調といえば、太字や斜体、下線を連想しますが、これらは紙面のリズムやトーンを崩して視線の流れを遮断します。読み手が集中して文章を追えないので、ビジネス文書に似つかわしくありません。

　そこでお勧めなのが余白の活用です。余白を効果的に使えば、自然な強調が可能になります。

　何もないところにポツンとモノがあると目立つように、周囲に大きな余白がある要素には自然と視線が集まります。これなら無理にサイズを大きくしたり、色を付ける必要がありません。

　密度の違いを使って存在感を高めるのも、紙面上の要素を目立たせるテクニックの1つです。

密着する中では、1行目の見出しさえ目立たない

**テキストボックスの余白を多く取り、
文章に回り込ませて配置した（ワード）**

大きな余白を作ると、自然と目が留まるようになる

1つだけ要素の角度を変える

　右の作例では、同じ要素が同じ方向に並んでいる中で、1つだけ斜めになっています。これは明らかに目立ちます。期待した流れに背く要素があると、変化や動きを感じて自然に目を留めてしまうものです。

　また、アイキャッチとしての効果も期待できます。キーワードやタイトルを配置すると効果的です。

　ただし、あまり角度を付けすぎるとバランスが崩れるので気をつけてください。

● **1つだけ角度を変えれば、差異や強調が表現できる**

36 ジャンプ率の違いで訴求度を高める

Key word
▼
ジャンプ率

要素間に差異を付けて印象的なレイアウトを作るには、**ジャンプ率**を知っておくといいでしょう。ジャンプ率を高くすると元気で迫力ある印象が出て、低くすると静かで上品な雰囲気が出ます。ジャンプ率は、紙面を見たときの印象を決定付けるデザインのテクニックです。

■ ジャンプ率で"見せ方"を変える

ジャンプ率とは、紙面の文字や図版のサイズの比率です。ジャンプ率の高低でコントラストを生み、紙面の印象を作ります。ジャンプ率が高いと躍動感が出て、ジャンプ率が低いと落ち着きのある上品な印象になります。

スポーツ新聞の一面トップのタイトルや情報誌の見出しは、注目を集めるためにジャンプ率を高くします。一方、文章を読むことが目的の小説などの紙面は、落ち着きを出すためにジャンプ率を低く抑えます。

文字サイズの大小だけでも紙面の印象をコントロールできます。5〜10ポイント以上の明確な差を付けると、メリハリが出て訴求率が一気に高まります。

実際には、文字量や版面の大きさ、余白とのバランスを考えて、要素の対比を顕著にさせましょう。

■ 長文の見出しはジャンプ率を高く

説明資料のような文章主体の文書は、見出しとその階層が多くなるのが一般的です。フォーマルな雰囲気を狙ってジャンプ率を低くするより、章見出しのジャンプ率を高めてメリハリを出すのもお勧めです。全体構成が視覚的にはっきりして、ストーリーと構造が伝わりやすくなります。

また、ジャンプ率が低くても、要素の周りに多くの余白を取ると視認性が高まり、その箇所が目立って視線が集まるようになります。

● すべての文字サイズが同じでジャンプ率が低い。
　上品で落ち着いている

● 見出しのジャンプ率が高い。
　本文との差異が目立って迫力が出る

● ジャンプ率が高いと、章→節→項の階層構造が
　はっきりして読みやすくなる

ジャンプ率を高めて一気に読みやすくする

種類 ▶ 説明資料 ｜ ポイント ▶ 読みやすくする ｜ 対応アプリ ▶

**文章ばかりで
「読むのがしんどい」レイアウトだ…。**

文章中心の説明資料です。文字の大きさにさほど変化を付けていません。ジャンプ率が低く、地味な印象を与えています。一見まとまっているように思えますが、もう少し「楽しく読める」工夫があってもいいでしょう。

**極端な文字サイズの違いが
読みやすさを倍増！**

大見出しを極端に大きくしてジャンプ率を高めました。大見出しがダイレクトに目に入って来るとともに、ウエイトの強弱で視認性が格段によくなりました。2種類の見出しに色文字を使ったため、紙面に動きが出て主旨も明確になりました。

メリハリが出て読ませたいものがはっきりする

37 手っ取り早くレイアウトの芯を作る

Key word
▼
帯処理

紙面を印象的に見せるテクニックに**帯（おび）処理**があります。通常本の帯といえば、表紙から裏表紙にかけて巻かれた紙のことですが、デザイン上では紙面上に「帯」を模してレイアウトすることをいいます。帯処理は、太いラインで全体を引き締める効果があります。

▋帯でレイアウトの芯ができる

　帯処理は、適度な幅や長さの四角形を色ベタで塗りつぶすのが一般的。必然的に版面率が高まるため、写真やグラフといったビジュアル要素がないときは、手っ取り早くアクセントの効いたレイアウトの芯が作れます。

　帯処理をすると、安定感のあるポイントができ、紙面全体を引き締める効果が出ます。また、同じ位置に使えば、複数ページにわたって全体の統一感を持たせることができます。

▋横または縦のラインを作る

　最も簡単な帯処理は、最上部に横ラインまたは左端に縦ラインを作る方法です。横ラインは、上部端に高さ3、4センチ程度の長方形を置き、タイトルを白抜き文字で乗せるだけで、上部にウエイトがある帯が完成します。

　一方、左端に縦ラインを作ると左側に安定感が出て、ページ資料の場合はページをめくる手にもリズム感が出てきます。縦に現れた1本のラインは、紙面全体を引き締めるのに十分な効果があります。

　帯処理は配置に気をつければ、全体をきれいに見せられます。「帯」そのものは図形なので、テーマとなる色やパターンで塗りつぶしたり、グラデーションで変化を付けることも可能です。

✕ 罫線や段落記号を入れているが、見た目のアクセントに乏しい

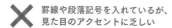

〇 左右裁ち切りまで延ばした横帯。キャッチコピーを乗せてわかりやすくした

〇 左端の天地裁ち切りに入れた縦帯ライン。見出しを置いて読みやすくした

縦横のラインでデザインのポイントを作る

種類 ▶ 提案書 │ ポイント ▶ アクセントを付ける │ 対応アプリ ▶

王道の上帯ラインで
安定感・安心感がたっぷり！

紙面の上部に置いた横帯ライン。これだけで全体が締まって見えるから不思議です。ここではツメ部を作ってコントラストを出し、自然と中面に視線が行くようにデザインしました。紙面が数ページに及ぶ場合は、その都度ツメ部を増やせば統一感が出ます。

2つ目の縦帯ラインで
内容の項目を区分している！

デザインの屋台骨は左端の濃い縦帯ライン。その右側にもう1つの帯を作り、4つの小見出しを乗せることで、提案内容の項目区分をしています。縦帯ラインに沿ってすべての文章を左揃えにし、きれいでシンプルな提案書に仕上げています。

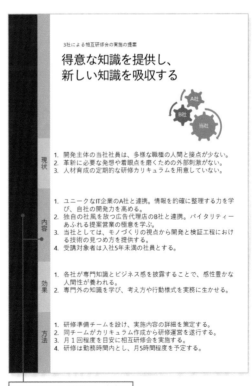

角を切り取った四角形でツメ部をデザインした

左側の2つ目の縦帯は、内容の項目分けの役割を果たす

38 | 文字色と背景色の最適な組み合わせを選ぶ

Key word
▼
コントラスト

ビジネス資料における見出しの存在は重要です。時間に追われる読み手が、急いで内容を把握しようと思えば、まず見出しに目を通すからです。目立つ見出しは気になる存在であり、本文へ引き込む誘い水です。自ずと目が向いてしまう、文字と背景の最適な色の組み合わせを見つけましょう。

▍コントラストで注目させる

　見出しを目立たせるには、大きな文字サイズでジャンプ率を高めればいいのですが、限られた紙面スペースにグラフや図解が入ってくると、そうもいきません。

　適度な大きさでセンスよく見出しを作るには、色文字と背景色を組み合わせるのが効果的です。

　これには**コントラスト**が関係します。コントラストとは、隣り合う色相の明度関係、つまり色の対比のことをいいます。コントラストが高くなると明度差が生じ、色の違いがはっきりします（90ページを参照）。

▍強いコントラストを作るには

　見出しを目立たせるには、コントラストを強くすることです。

　まず基本となる色を決め、そこから明度差と彩度差を付けていきます。補色同士や鮮やかな色とくすんだ色を対比させたり、無彩色（白と黒とグレイ）同士を対比させると、コントラストが強くなって色の見え方が強くなります。

　通常、オーソドックスな見出しにするなら、薄地に黒文字、または色ベタに白文字を乗せるといいでしょう。薄い色を本文に使うのは厳禁です。

✕ 明度に差がないと、文字が沈んでしまい読みにくくなる

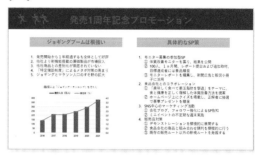

◯ 明度に差を付けると、コントラストが強くなり読みやすくなる

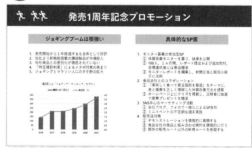

◯ 背景を黒、文字色を白にすると、強いコントラストを放つ

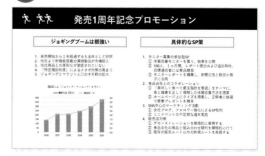

Example ＼ 明度差のある背景で見出しをくっきりとさせる

種類 ▶ 提案書 ｜ ポイント ▶ 見出しを目立たせる ｜ 対応アプリ ▶

**ぼやけて不鮮明な見出しでは、
誰でも読みたくなくなる…。**

明度と彩度がともに似ている色を使うと、**ハレーション**が起こります。ハレーションとは、強い色が隣り合うことでチカチカして見える現象です。読みにくいだけでなく、不快な紙面になってしまいます。見出しの文字色と背景色の組み合わせを再考する必要があります。

**コントラストを高めて、
シャープな見出しに変えた！**

上部のタイトルは、紺色ベタの白抜き文字に変更しました。3つの見出しは、薄い黄色とスミ文字の組み合わせです。いずれも存在感が高まり視認性が一気にアップしました。青と黄色のコントラストで全体が明るく感じます。三角形を挿入したので、上から下への視線移動もスムーズです。

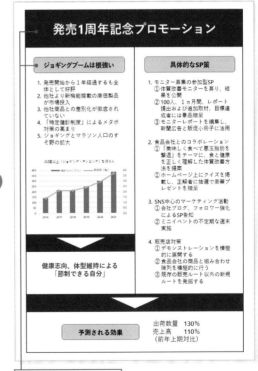

青と黄色の組み合わせは、
明るくポップな感じになる

39 | パッと見てわかるように内容を図解する

Key word
▼
図解

ビジネスで使う資料には「見せる」要素が必要です。見ただけでパッと頭に入ってくると、時間をかけずに内容が理解できるからです。見せる資料は、**図解**した資料とも言い換えられます。情報を図解で伝えると、メッセージが単純明快になって意図を理解しやすくなります。

文章は「読む」、図解は「見る」

図解とは、絡み合う要素や込み入った事情を解きほぐして、意図する内容を図式化したものです。このシンプルな図式の中には、多くの情報が埋め込まれています。

文章は「読む」、図解は「見る」。この「読む」と「見る」の違いこそ、図解がパッと思考に入ってきて、一度に多くの情報が理解できる大きな理由なのです。

例えば、「売上高50％UP」は言葉通りですが、上昇カーブの図形なら「利益率UP」「来店者増」「成長」といった意味を言外に含ませられます。

わかりやすい資料は、よく練られた図解とシンプルなデザインでできているものです。

図解は単純明快に作る

図解にすると、関係性や流れ、動きや位置付け、方向など、要素間の関わり方などが自由に表現できます。図解は、吟味されたわずかな言葉と基本図形で作ることができるので、単純明快を意識しましょう。その作成手順は、さほど難しくはありません。

まず、表現する要素を短い言葉やキーワードで代弁します。それを四角形などの図形で包みます。大きな意味付けは大きく、小さければ小さく作ってください。

次に、要素間の関わり方を描きます。関係が深ければ近くに置き、太い罫線でつなぎます。関係が薄ければ離して置き、細い線でつなぎます。流れや方向を加味する場合は、矢印で結びます。

 箇条書きで読ませても、イメージがわかない

インスタント・リフォーム・プロジェクト

①安い料金で多くの受注を受ける
　「まずは注文」で実績を作る。
②お客様が理想とする空間を作る
　希望に応えて顧客満足度を高める。
③短期間でリフォーム作業を遂行する
　時間と品質の二兎を狙う。

 ぼんやりしていた主旨の輪郭がはっきりする

インスタント・リフォーム・プロジェクト

低料金

短期間　満足度

 文章にすると、説明が複雑になってしまうことが多い

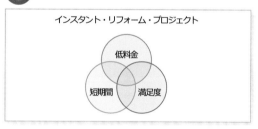

 見た目がシンプルになり、
言いたいことが一目でわかる

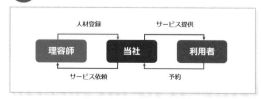

「流れ」を図式化して単純明快に伝える

種類 ▶ 企画書 ┃ ポイント ▶ 図解で見せる ┃ 対応アプリ ▶

Before

配置されたレイアウトから
「流れ」をイメージするのは難しい…。

「流れ」の項は、番号を付けた5つの箇条書きでまとめています。その手順は上から下へ読み進めればわかることですが、一連の流れを強くイメージさせるには弱いです。パッと見て、意図した「流れ」を理解させるには、図解するに限ります。

After

方向を表す図形を使い、
作業手順をプロセスで表現！

業務が動いていくさまは、連続した図形に「方向」を加えて図解します。ここでは角度のあるブロック矢印の五方向（ホームベース）を並べ、左から右へのプロセスを表現しています。図形内に業務名を入れ、下に補足文を添えれば完成です。フォントと配色は、スタイリッシュな雰囲気に変更しました。

三角形や矢印を
使ってもいい

40 文字を加工して強いインパクトを与える

Key word
▼
文字変形

文字を目立たせるには、文字サイズを上げ、書体を変え、色を付けるのが王道です。一方で、アイキャッチのような印象的なデザインを求めるなら、文字の加工が必要になります。変形機能を使ったり、文字を図として扱うようにすると、インパクトのある文字が作れます。

■ 文字を変形してユニークな表現を

カラフルでポップなタイトルを期待して「ワードアート」を使う人もいるでしょう。しかし、ゴテゴテして素人感が漂ってしまうのがネックです。大胆さやシャープさで人目を引きたいなら、**文字**を**変形**して変化を付けることもできます。

文字を変形すると、テキストボックス内の文字が枠いっぱいに拡大されます。黄色い丸ハンドルなどをドラッグして自在に変形させます。

● 通常のテキストボックスの文字

● 枠内いっぱいに表示される変形の［四角形］

■ でも、安易に変形してはいけない

文字の変形はメニューから選ぶだけで実行できますが、さらに影や反射、文字の輪郭（袋文字）と組み合わせれば、ユニークさを際立たせることができます。

文字変形は程よく加工すれば、訴求効果を出すことができますが、安易な変形は文字本来の美しさを消し、過剰な変形は文字を読みづらくしてしまいます。書体の持つ佇まいを尊重し、文字サイズを変える程度で抑えておきましょう。

たとえ変形した場合でも、平体や長体、斜体にしないで、できるだけ正体に近いかたちで使いましょう。

なお、変形した文字を「図として保存」すれば、ワード文書のタイトルに利用したり、ブログのアイキャッチに使ったりして、活用の範囲が広がります。

✕ 過度な変形と装飾は、読みづらくなるだけ

迫力ある文字で読み手の興味を誘う

種類 ▶ 提案書 ┃ ポイント ▶ 圧倒的なタイトルを作る ┃ 対応アプリ ▶

Before

**地味なスライドでは、
聴衆は顔を
上げてくれない…。**

スクリーンや大型モニターを使ったプレゼンでは、後方や障害物がある席からは、スライドが快適に見えないことがあります。シックで上品に作り込んだスライドよりも、内容がつかめる特大文字で、インパクト勝負をした方がよい場合があります。

After

**タイトルが飛び込んで来ると、
読み手の気持ちを
刺激する！**

タイトルを特大サイズの文字に変え、スライドにインパクトを持たせました。変形は「四角形」を使い、文字の縦横比率をあまり崩さずに拡大しました。文字が歪まずに視認性が保たれています。背景の黒地が一層タイトルを際立たせてくれています。

バランスを崩さない程度に、
本文のサイズを上げてもいい

41 見出しでつかみ、本文を読ませ、ゴールに導く

Key word
▼
視線誘導

紙面に展開したストーリーは、読み手になぞって読んでもらうことで、作り手の意図が伝わります。そのためには「この順番で読んでください」という「流れ」を作る必要があります。流れに沿って読み進めてもらえれば、資料作成の目的であるゴールにたどり着く確率が高まります。

■「流れ」を考えてレイアウトする

レイアウトを考えるときに重要になるのが「流れ」です。流れとはストーリーと言い換えてもいいでしょう。読み手が納得するための論理的な展開であり、このように読んで欲しいという**視線の誘導**です。

この「流れ」を考える作業は、読み手の立場に立って論旨を追いかけるため、曖昧な言葉や矛盾する意見を見つけやすくなります。「これは前述した内容と違う」「目的と手段がはっきりしていない」といったことに気づかされるために、わかりやすさを求めて内容が整理されていきます。

■要素をZ型に配置する

一般には、「左から右へ」「上から下へ」と読ませるのが基本です。読み手が真っ先に目を向けるのは左上です。ここを起点に右上、左下、右下へと視線を動かすことで、ストレスなく自然に読み進められます。いわゆるZ型のレイアウトです。

Z型は最もオーソドックスなパターンであり、見出しに番号を振っていなくても、常識的かつ自然に読み進められるレイアウトです。この基本的な視線の動きを理解して情報を配置すれば、頭にスッと入ってくるわかりやすい資料になっていくことでしょう。

読み手の視線を誘導して、目的となるゴールへたどり着かせましょう。

✕ 目線が忙しくて読みにくい。
並びにも一貫性がない

○ Z型なら読む順番を間違えない。
安定感、安心感がある

Example Zパターンで自然な読みやすさを表現する

種類 ▶ 提案書 │ ポイント ▶ 自然な流れを作る │ 対応アプリ ▶

Before

「流れ」のないベタ書きの提案書では、
読む気が失せてしまう…。

身内の提案書であっても、もう少し「読みたい」と思わせ
たいところです。どうしても文章量を減らせないなら、文
字ポイントを下げて「流れ」を作るべきです。段落ごとに
見出しを付けて、ブロック単位で読ませるようにすると
「流れ」が表現できます。

After

Zパターンなので、
視線が無意識に先へ先へと進んでいく！

段落ごとに見出しを付け、テキストボックスで配置しまし
た。Zパターンのレイアウトなので左→右、上→下へと自
然に視線が移動します。中央に置いた写真に引き出し線と
解説文を加え、前回開催した事実を述べて企画の効果をア
ピールしています。

42 | 読む順番を示してストーリーを追わせる

Key word
▼
方向図形

紙面のレイアウトは、写真などのビジュアル要素があるかないか、どれくらいの大きさで扱うかで、構成や見せ方が大きく変わります。当然、Zパターン以外のH型やT型、それ以外のレイアウトの場合も出てきます。いずれの場合も、読み手が混乱しないレイアウトを心がけましょう。

▌方向図形で読む順番をリードする

「次はこっちを読んで」と、明示的に視線の流れを作るには、矢印や三角形のような角度のある**方向図形**が適しています。

具体的には、使用する情報要素をざっくり配置して全体の大きな流れを作り、次に個々の情報の関係性がわかる小さな流れを作ります。最後にページ内の結論へ導きます。

このようなステップでレイアウトすると、最初の要素から次の要素へとスムーズに視線が移動できるでしょう。同時に、作っている内容の論理的なほころびも見つけやすくなります。

● 色を付けたブロック矢印で流れが明確になる

● 同じ図形を並べるだけでも流れができる

● 小さな流れを包んだ大きな流れを作ると、流れの階層ができて意味するものが生まれる

▌見出しで引き付けて詳細へ誘う

情報のかたまりを任意の場所に配置するには、テキストボックスが最適です。本文を入れるテキストボックスは、インパクトのあるキャッチコピーやキーワードで視線を引き付け、より詳しい情報へと誘い込むことを意識してレイアウトしてください。

大きなサイズの見出しやワンポイントの画像があると、読み手の視線はその箇所をたどるように移動します。適度な刺激が保たれ、最後まで視線を離しません。うなずきながら読んでもらえたなら、提案のゴーサインが見えてきます。

● 見出し番号を振れば、手順や段階の意味が伝わってくる

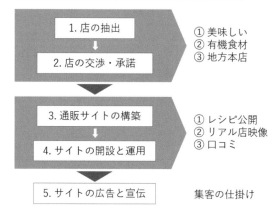

情報の関連性がつかめる視線の流れを作る

種類 ▶ 企画書 ┃ ポイント ▶ 自然な流れで読ませる ┃ 対応アプリ ▶

Before

**4つのブロックの
情報からは、
それぞれの関係性がパッと
読み取れない…。**

商品陳列の改善で売上アップを
狙う企画書です。すっきりした
田の字型レイアウトですが、4
つのブロックの各情報は独立し
ていて、主旨の関係性がイマイ
チ読み取りにくいです。また、
「右へ」「左下へ」と指示する
ブロック矢印は目障りです。

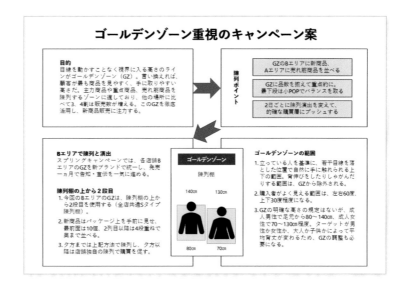

After

**大小の流れを入れ子にして、
全体が俯瞰できる
流れを作った！**

4つのブロックに方向性を加味
し、それぞれの情報の主旨と関
係性を明確にしました。上段
の大きな括りと下段で向き合う
図形は、ブロック矢印の五方
向（ホームベース）です。1つの
要素から次の要素へ、読み手の
視線がスムーズに流れ、ストー
リーを構成する情報が違和感な
く理解できます。

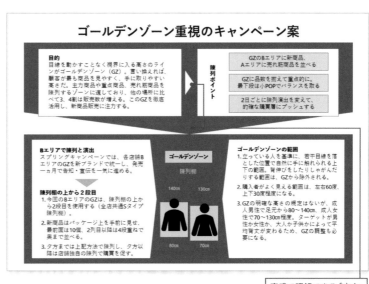

直感で理解できる「方向」
を作るようにする

43 | アイキャッチで見た瞬間に心をつかむ

Key word
▼
アイキャッチ

チラシやポスターは、見た瞬間に心をつかむことが求められます。相手の興味の有無に関係なく、こちらのフィールドに取り込みたいのですから初対面の印象は大事です。ビジネス資料でも同じ。ページを開いた瞬間に読み手が引き付けられれば、"つかみはOK"です。

アイキャッチで視線を集める

　紙面上にほかとは違う箇所があると目を引きます。そこに「何か特別な意味があるのだろう」と勘繰るからです。注目を集めるために配置する視覚的な要素を**アイキャッチ**といいます。平たく言えば、最初に目に付くビジュアルのことです。

　アイキャッチはビジュアルを使って一箇所に視線を集め、その周辺に読ませたい情報を配置します。読ませるのではなく「見る」ことで内容を認識してもらい、視覚に訴えるアイキャッチで記憶に残る強い表現ができます。

　見出しにアイキャッチを施したり、写真でイメージを増幅させれば、資料の内容もより理解できるでしょう。

写真のイメージにメッセージを乗せる

　アイキャッチは言葉だけの場合もあれば、ビジュアルだけの場合もあります。両方を組み合わせることも可能なので、キャッチコピー的な図形もよく用いられます。漢字変換で入力できる指差しやチェックマーク、吹き出しや爆発の図形が万能のアイキャッチといえます。

　一方、写真やイラストは、それが持つイメージを強く印象付けます。そのため、人物や風景写真にメッセージを込めたり、製品写真で直接視覚に伝えてアピールできます。

　アイキャッチは、どのような画像を使うかが思案のしどころ。見た瞬間に視線が注がれるアイキャッチを作りましょう。

● 「ゆび」→ [変換] キーで入力し、文字サイズを大きくしたアイキャッチ

自由が丘にオープン。

● 「星」の図形の上に文字を乗せただけのアイキャッチ

株価 2万円 を突破！

● 若葉のイラストを添えて春の季節をストレートに伝える

4月から新始動。

● 長方形の図形で付箋紙を表現。小見出しに使えば効果的

耳よりな計画

良心的な予算

驚くほどの効果

最適な写真を使って「和」のイメージを強く伝える

種類 ▶ 企画書 │ ポイント ▶ アイキャッチで伝える │ 対応アプリ ▶ P

Before

紅葉のアイキャッチが目立つが、全体的に寂しい印象が…。

「和の風情」を伝えるために紅葉の葉をアイキャッチに使用しました。左上に大きく配置したアイキャッチは、それなりに目立つのですが、レイアウトとしては余白が多くて寂しい印象も受けます。もうひと工夫して、読み手の興味を沸かせたいところです。

After

和傘の写真を大きくレイアウトして、「和」のイメージを強調！

和傘が印象的な写真を大きくレイアウトしました。赤い和傘と後ろの甘味処は、「和の風情」を伝えるアイキャッチとして強い印象と記憶を残します。イタリアンと日本様式の対比が際立ち、"つかみ"としては申し分ありません。最適なイメージ写真が選択できれば、効率的にメッセージを伝えることができます。

和風の写真に思わず目が行く

44 図形を使っていろいろなテイストを演出する

Key word
▼
図形

図形はいろいろな目的に使える便利な素材です。前述のように視線を誘導するほか、アイキャッチや図解に使ったり、紙面の背景に使ってイメージを演出することができます。見て理解でき、見てイメージが膨らむ図形は、見せる資料作りには欠かせないデザイン要素です。

図解は基本図形だけで作れる

ビジネス資料の理想は「見せる紙面」です。そこでは文章を極力減らすために図解が必要です。図解は基本図形の組み合わせで作れます。企画書の複雑そうに見える話も、衣を脱いでいけば、四角形と矢印といった基本図形で表せることがほとんどです。

図解したいときは、まずこれらの図形で組み立ててみましょう。逆に、作成途中の図解が不明瞭になってきたら、四角形と矢印などに戻してみましょう。表現課題が浮かび上がり、思考の整理がはかどるはずです。

イラストを図形で作る

本来、主旨に合わせてイラストが描ければいいのですが、誰しも絵心があるわけではなく、イラストレーターに頼めばコストがかかります。

そんなときは、図形を組み合わせてイラストを作りましょう。基本図形を重ね合わせて、アイコン風に見せれば十分。凝り過ぎずに、シンプルに作ると印象がよくなります。

■ 図形を並べてイメージを創作する

レイアウトの情報要素が少ないときは、図形のパターンを背景に敷くと全体のイメージが創作できます。円は水玉やドット柄として明るくポップな感じになり、線はストライプパターンとしてシャープな雰囲気が出ます。星や吹き出しは楽しい雰囲気が演出できます。背景を彩るアクセントとして、図形の利用価値は大です。

● 情報をまとめ、「流れ」を作り出すことができる

● 直感に訴えるピクトグラムも効果的な素材だ

● 図形を組み合わせて多様なイラストを表現できる

● 色を変えてカラフルさとインパクトを出す

図形を駆使してキュートさやスピード感を表現する

種類 ▶ チラシ │ ポイント ▶ 図形でテイストを作る │ 対応アプリ ▶

図形で作った花びらを背景に敷いて、女性を意識したキュートなデザインに！

「涙型」図形で花びらを描き、中央の円の周りに8個配置して1つの花を表しました。パターンのように背景に利用して、全体をキュートなテイストで軽やかさと楽しいイメージを作っています。ピンク系の配色でフェミニンさを強調しています。

1つの花がレイアウトのマス目となり、端正なレイアウトに仕上がる

マンガで用いられる集中線の技法を使い、スピード感あふれる雰囲気を演出！

本例は、中心点を通過する「直線」と「三角形」を無数に引いたものです。線の太さを変え、中央にはぼかしを入れた円に文字を乗せただけのシンプルなレイアウトです。線を引くだけでもマンガの集中線のような効果が出て、スピード感や迫力が生まれます。

線の先に文字を置けば、自ずと視線が集まってくる

45 | 文章を回り込ませてビジュアルを引き立てる

Key word
▼
文字の回し込み

街角の風景や製品イラストなど、ビジネス文書には多くの図版を使います。ビジュアルを引き立てながら文章を読ませたいときは、文章と図版を一体化させましょう。文章と写真が互いに引き立てながら、何の違和感もなく目で追いかけられるレイアウトにすると、読み手が心地よさを覚えます。

■ 文章とビジュアルの一体化を狙う

　ビジネス文書に図版を入れる場合は、段落の間に挿入するのが一般的です。その方法だとレイアウトが崩れずに、文章の校正がしやすいからです。ただし、安心感は出るものの、印象的なレイアウトにはなりません。

　一方で、文章と図版を一体化させると、紙面に動きが出てビジュアルを強調したり、個性的なデザインで雰囲気を高めることができます。読み手に「おやっ」と感じてもらえれば、プレゼンの視界は良好です。

■ ワードの文字列の折り返し機能

　文章と図版を一体化させるには、図版の形状に沿って文章を回り込ませることです。ワードでは**文字列の折り返し**という機能を使います。

　この機能が設定された図版は、好きな位置にドラッグするだけで、周りの文章が自動的に前へ追い込まれたり、後ろへ送り出されたりします。変にレイアウトが崩れる心配はなく、ドラッグ操作だけで図版のベストポジションが見つけられます。

　対象となるビジュアルが角版写真の場合は、写真の左右に文字が流れ込むため、読み手の視線移動に変化を与えることができます。

　一方、湾曲している切り抜き写真の場合は、文章が写真の輪郭をなぞるように配置されて、図版と一体感が感じられます。

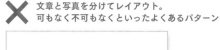

✕ 文章と写真を分けてレイアウト。
可もなく不可もなくといったよくあるパターン

○ 文章を回り込ませたレイアウト。写真と文章が
分離していないので親密さが感じられる

$\boxed{\text{Example}}$ **被写体の形状に文章を沿わせて印象深くする**

種類 ▶ カタログ ｜ ポイント ▶ ビジュアルを引き立てる ｜ 対応アプリ ▶

 Before

**タイトルと写真、文章が続くレイアウトに、
さほど面白味は感じられない…。**

塾生徒募集のカタログです。3行のタイトルの下にメインビジュアルを挿入しています。切なげに応援する女性の写真が印象的なものの、レイアウトにおける面白味は皆無です。入塾を促すコピー文が印象的に見えるように、ビジュアルを引き立てるレイアウトの工夫が欲しいところです。

 After

**被写体の形状に文章を沿わせて、
動きと面白さのあるレイアウトにした！**

女性の顔、メガホン、腕といった、被写体の輪郭に合わせて文章を回り込ませました。そのため文章と写真が一体化してビジュアルが引き立ち、紙面に動きが生まれています。ビジュアルの力が文章に影響し、訴求力がアップします。なお、この写真は切り抜き処理（背景を削除して透明化）しています。

文章の折り返しに「外周」を設定した

46 ビジュアルの対比でメッセージ性を高める

Key word
▼
対比

写真は事実をありのままに伝えるため、読み手は直感的にメッセージを受け取ることができます。資料の作り手としては、ビジュアルの最大効果が出るレイアウトを考える必要があります。被写体と構図、色合いや向きをどのように扱えば、メッセージが活きてくるかを見極めましょう。

▌同じような写真で強く語りかける

同じような写真を2つ並べて**対比**させると、写真が持っている印象をより強く見せられます。

例えば、カカオ豆とスィートチョコ、ランチメニューと有機野菜のように、シチュエーションが異なる写真を並べると、印象が影響し合ってメッセージが強くなります。

写真を配置する際は、同じ位置に同じ大きさで隣接させると、対比が際立ちます。また、構図と色調のバランスを合わせておくと、デザインに統一感が出ます。

▌相反する写真でストーリーを作る

逆に、相反する印象を持つ写真を2つ並べたらどうでしょう。それぞれの写真が持つ印象からストーリーが発生して、対比のイメージを強調できます。

例えば、泣き顔と微笑みから天使と悪魔、都市と自然からエコや生活観、ロボットと職人から効率と技伝承といったキーワードが連想できるでしょう。

印象の異なる写真からは、「何かあるの？」という期待感が生まれます。1つの写真ではインパクトが弱かったものが、2つを対比させることでストーリー性が生まれ、強い印象を残せるようになります。

文章の量を抑えてビジュアルで語らせるレイアウトにすると、表現の仕方で効果的にメッセージを発信できます。

● 2つを並べるだけで、動物のかわいらしさ、愛らしさが倍増して伝わる

● 大きさと位置を変えてみるだけでも、軽やかさやリズムを作り出せる

● 晴れと雨の相反するマークは、多くを語らなくてもメッセージが推察できる

● うつむく人と疾走する人。この対比が簡潔なキャッチコピーを補完してくれる

相反する写真で仕事のオン・オフのイメージを膨らませる

種類 ▶ チラシ ｜ ポイント ▶ 写真で訴求力を高める ｜ 対応アプリ ▶

Before

お稽古事で
充実生活をうたうチラシ。
でも、ビジネス色が強すぎて
写真の役割が曖昧に…。

ビジネスイメージの写真を使
い、趣味や稽古事といった充実
生活へアプローチするレイアウ
トです。しかし、キャリアOL
の写真からは「働く」「忙しい」
雰囲気しか伝わりません。わず
かにタイトルで主意を感じます
が、ビジュアルでお稽古する楽
しみや成果を伝えたいところで
す。

After

仕事と私生活の相反する
2つの写真を使って、
ビジュアルの対比を
明確に表現した！

オフのゆったりした写真を並べ
て配置し、仕事と私生活の対比
を強調しました。多かった文言
を減らしてビジュアルで語らせ
るレイアウトに変更しました。
「ON」「OFF」のキーワードを添
えることで、写真の対比が一層
明確になっています。

47 写真の主題を明確にしてメッセージを作る

Key word
▼
トリミング

写真はインパクトの強いビジュアル素材です。同時に多くの情報を含ませることができます。よって、限られた紙面をデザインするときの写真の利用価値はとても高くなります。伝えたい主題をきちんと伝えるためには、写真の正しい見せ方、効果的な加工を知っておくといいでしょう。

■ 写真は歪めずにきれいに見せる

　紙面内の写真の位置やサイズを調整しているうちに、歪んでしまうことがあります。また、図形を写真で塗りつぶすと、自動的にサイズ調整されて歪みが出ることがあります。写真を使う意図とリアルさを正しく伝えるためには、歪めないことが大切です。

　パワポやワードでは Shift キーを押しながら四隅をドラッグすれば、縦横比を変えずに写真のサイズを変更できます。失敗したら、図のリセット機能を使って、変更前の状態に戻してから再調整してみましょう。

■ 全体を見せる？ 一部を見せる？

　写真の一部を切り取って、見せたい箇所を強調することを**トリミング**といいます。トリミングは、デザインの狙いをはっきりさせるために行うもので、写真が持つ情報（魅力）をどのように伝えるかで、その仕方が変わります。

　状況を写し込んだ写真であれば、できるだけ全体を見せるようにします。背景も含めた情報（時間・場所・季節など）で被写体の魅力を伝える主旨であれば、周りの情報を入れて全体をトリミングするといいでしょう。

　一方、被写体の特長や魅力を強く伝えたいときは、一部分をクローズアップしてトリミングします。写真の主役を引き立てて、その魅力を最大限に引き出す方法です。

✕ 歪んだ被写体が、間違ったメッセージを発してしまうことがある

● 背景を含んだ全体構図で訴えたい場合は、できるだけ背景を見せる

● 一部をクローズアップすると、その箇所に焦点を当てたメッセージになる

■ 見せないで想像力を駆り立てる

逆に、敢えて見えない部分を作り出し、読み手に想像させる方法もあります。具体的には写真の一部を切り取ったり、一部をズームアップして見せるのです。

見えない部分の情報を匂わすことで、隠れている部分に「何かある」ように感じられて、読み手の期待感が膨らみます。

● 見えない部分が思考を刺激し、創造力が膨らむ

▌メッセージが感じられるようにする

トリミングでは、写真の構図や被写体の向きに注意する必要があります。人物や動物が向いている方向、建物の角度や間隔、空間によって伝わる印象が異なります。

トリミングのかたちはさまざまです。キャッチコピーや文章の位置も関係してくるので、いろいろな見せ方を試してみて、自分が思い描くメッセージが正しく感じ取れるかを確認しましょう。

なお、被写体の構図が異なる写真を並べるときは、見せる範囲が同じになるように、被写体のかたちを揃えてトリミングしましょう。かたちや位置がバラバラだと、せっかくのトリミングも効果が出ません。

写真のかたちを揃え、天地と左右の配置を合わせると、ビジュアルに統一感が出て美しいレイアウトになります。

● いろいろな形状で写真を見せると、刺激的で興味深くなる

● 被写体のかたちと位置を揃えると、
統一感が出て見やすくなる

■ トリミングで枠内がくり抜かれる

パワポとワードでトリミングをするときは、[図の形式] タブ（または [図ツール] の [書式] タブ）の「サイズ」にある [トリミング] を使います。

写真の四隅と辺に黒太の線が表示されたら、この線や写真をドラッグして残したい箇所をトリミング枠の中に納めます。 Esc キーでトリミング処理を決定すれば、枠内だけがくり抜かれた写真が出来上がります。

● トリミングで主題を明確にして、メッセージを伝える

48 情報に優先順位を付けて読みやすくする

Key word
▼
優先順位

ビジネス資料は「見せる」資料。気持ちよく読んでもらい、正しく理解してもらうには、いかに内容をわかりやすく見せるかに尽きます。情報に**優先順位**を付けてレイアウトすると、パッと見ただけで紙面の全体像と、情報の重みの差異をつかむことができるようになります。

配置する情報に優先順位を付ける

資料の作り手は、書き込んだ情報を読み手にすべて読んで欲しいもの。一方、読み手はそれほど時間も興味もあるわけではありません。消極的な相手を紙面に向けさせるには、情報に優先順位を付けましょう。

伝えたい情報の中から重要度が高いものを3つほどに絞り込み、それを中心にレイアウトすると、デザインにメリハリが付き、見る側も主旨のポイントが整理できます。

優先度の最も高い情報の文字サイズを大きくし、2番目、3番目の順でサイズを下げていきます。つまり、重要な順に紙面の占有率を上げていきます。こういった単純な方法でも、情報がはっきりと区別できるようになります。

階層化すると優先度が明確になる

情報に優先順位を付けるということは、文字サイズを大から小へ変化させた階層構造を作ることです。具体的には、上から下、左から右への自然な視線の流れを意識して階層化します。必要に応じて、要素をグループ化（76ページを参照）してください。ただし、複雑な階層構造は読み手を混乱させるだけなので、2、3階層までに抑えましょう。

情報にまとまりができると、配置した要素が散見せずに整理感漂うレイアウトになります。そうすれば、見た瞬間に何を伝えようとしているのかがわかるようになります。

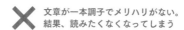
✕ 文章が一本調子でメリハリがない。結果、読みたくなくなってしまう

◯ 文字に強弱があるのでリズムが出てくる。自ずと強調したい箇所がわかる

● ビジュアルを生かしてタイトルを第一に訴求。続いて開催情報、主旨の順で階層化した

大から小への階層化で訴求意図を明確にする

種類 ▶ 提案書 ┃ ポイント ▶ 訴求の優先順位を考える ┃ 対応アプリ ▶

Before

**カジュアルな1枚提案書。
5つの提案項目を並べたよく見かけるレイアウト…。**

これはこれで完結した提案書といえますが、読み手が興味を持つかといえばノーです。文章を並べただけでは、なかなか読んでくれません。雰囲気のあるビジュルがあるので、これをうまく生かして見やすく整理したいところです。

After

**写真を大胆に使い、情報に優先順位を付けた。
メリハリが出て読みやすい！**

写真の占有率を高め、企画のイメージを膨らませました。キャッチコピー、主旨、目的と概要の順に階層化しています。それぞれの文字サイズを明確に変えたため、情報の優先順位が一目でわかります。読むというより見せる提案書に変身させました。

大きなキャッチコピーだけでも、
企画の意図が伝わってくる

49 | 要素に規則性を持たせてきれいに見せる

Key word ▼ 整列

文字や写真、図形やグラフなどのさまざまな要素から構成される紙面。安易に配置するとデコボコになり、整理感に欠けるレイアウトになります。要素に規則性を持たせて**整列**させましょう。要素の位置が揃っているほど、紙面は美しく見えてきっちりした印象になります。

▎仮想線を描いてレイアウトを始める

　美しいレイアウトの基本は、文章や図形といった要素の位置を**揃える**ことです。各要素が規則正しく並んでいると、きれいに見えるだけでなく安心感が生まれます。

　要素を整列させるときは**仮想線**を作ります。仮想線とは、縦や横に伸びる一本の"仮の線"です。

　仮想線は自分の頭の中に引く仮の線ですから、目には見えません。縦や横、斜めや円弧などをイメージして、使用するテキストボックスや図形などを仮想線上に並べていきます。

　仮想線で整列された文字や図形の並びは整理感と統一感を生み、紙面の表情を美しくしてくれます。

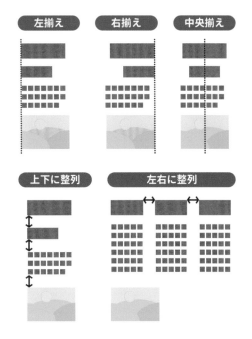

■ 仮想線上にすべての要素を揃える

　仮想線は何本あっても構いません。離れた位置の要素もどんどん整列させましょう。整列する仮想線が多いほど、レイアウトが整っていきます。

・見出しと本文を左端や中央に揃える。
・左右に離れた項目名の垂直位置を揃える。
・文章の行頭と行末を版面の端に揃える。

　このような、仮想線を感じさせるレイアウトは美しく、プロフェッショナルな仕事に見えます。

● 仮想線に沿って整列させると、整理感と要素の関連性が感じられるようになる

海外進出の課題とリスク

	リスク項目
海外進出・継続するときに、輸出企業が直面する現地での商取引における課題とリスクを調べた。	現地ニーズの情報収集 (49.8%)
約4割を超える企業が「現地ニーズの情報収集」「現地におけるマーケティング」と回答している。	現地でのマーケティング (44.1%)
国の歴史や、商取引の違いがある中で、商品の販路開拓に不安を抱えている企業が、いかに多いかがわかる調査結果となった。	ビジネスパートナーの確保 (36.2%)
	現地における商慣習 (35.6%)
海外進出の際は、現地のコーディネーターを活用して会社同士の信用を得るのも大事になってくる。	取引先の与信リスク (23.0%)

距離とサイズと色を揃える

ビジネス資料では、要素が整列されていて悪いことは1つもありません。ページにある要素を完璧に整列させることを目指しましょう。

同時に、揃えることにも注意を払ってください。要素同士の大きさ、かたち、色を揃えるのです。

これらが同じならば、役割や機能、性質が同じ要素だとわかります。話し手が説明しなくても、読み手が自発的に理解してくれます。

逆に、大きさやかたちが異なると、読み手は「価値が違うもの」と認識します。無意識のまま大きさやかたちを混在させて資料を作ってしまうと、関係性がわからない図解になるので注意しましょう。

■ 近い・遠いで要素の関係性が変わる

要素が近くにあるか、遠くにあるかで要素の関係性が変わることも知っておきましょう。

情報を正しく揃えるには、とにかく「関係性のある要素を近づける」ことです。そうすると、近い要素は自ずと"仲間"として認識され、遠い要素は関係が薄いと判断されます。

要素の距離を調整するだけで、読み手の混乱を減らし、スムーズに理解できるレイアウトになります。狭い紙面スペースだからこそ、些細な距離感を大事にしてデザインを考えましょう。

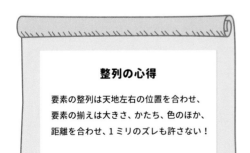

整列の心得

要素の整列は天地左右の位置を合わせ、
要素の揃えは大きさ、かたち、色のほか、
距離を合わせ、1ミリのズレも許さない！

図形は形と色、罫線の扱いがバラバラ。
規則性がなく雑然としている

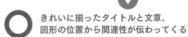

きれいに揃ったタイトルと文章、
図形の位置から関連性が伝わってくる

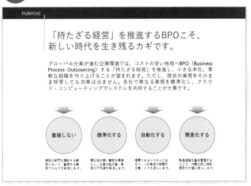

● すべての要素を一切妥協せずに、1ミリの狂いもなく揃える

▌等間隔とグループ化で整理する

　同じ要素をレイアウトするときは、等間隔に配置することと、グループ化することの2つを意識しましょう。要素が等間隔に並んでいるだけで読み手は安心し、同じ図形には共通項を見つけようとします。

　また、関連のある要素を近くに置いてグループ化（76ページを参照）すると、まとまりができて結び付きが強く感じられます。こうすることで情報が整理され、秩序あるレイアウトになっていきます。

● 明確にグループ化したいときは、罫線で囲んだり色分けする。全体のアクセントにも一役買う

■ 複数の図形をグループ化する

　レイアウトする要素が多くなればなるほど、整列や揃えを念入りにする必要があります。丁寧に整えた図解が、何かの拍子でずれることもあるでしょう。

　要素をグループ化処理しておくと、個々の要素の位置が固定され、1つの図形として扱えるようになります。

　グループ化した図形は、個々の図形の相対位置を保ったまま、まとめて移動したり拡大・縮小したりできるようになります。

● 写真を等間隔に並べると安定感が出る。中央を広めに空けておけば、複数の要素が区分できる

● 円弧の塗りつぶしと写真の枠線の色、文字の色、配置の妙でグループ分けした。少し凝ったレイアウト

● Shift キーを押しながら複数の図形をクリックし、 Ctrl ＋ G キーを押す

● グループ化される。解除するときは Ctrl ＋ Shift ＋ G キーを押す

きっちりしたレイアウトでわかりやすくする

種類 ▶ 説明資料 ┃ ポイント ▶ 整列と揃えで美しく見せる ┃ 対応アプリ ▶

Before

要素の配置に規則性がないため、
文章と図版を並べただけになってしまった…。

4つの本文のテキストボックスは、1行が長いせいで紙面が重く感じられます。グラフと表、写真のサイズもバラバラです。さらに、微妙にすべての要素間の距離が揃っておらず、どうもしっくりきません。要素の配置に規則性がないことが原因です。

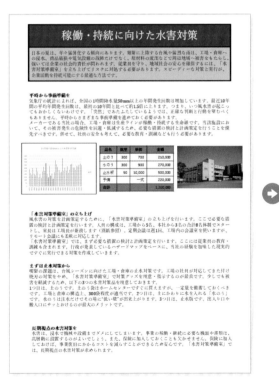

After

整列と揃えを徹底して調整し、
美しい紙面が完成した！

4つの見出しと文章がペアで存在し、グラフは意図に沿って加工を施し、表は隔行で薄い色を敷いて読みやすくしました。各要素は上下左右の位置と距離が完全に揃っています。整然と配置されたタイトルと見出し、文章と図版の位置からは、几帳面さと調和が伝わってきます。

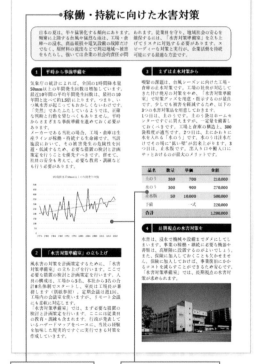

タイトル周りを軽く
すっきりさせた

グラフと表は、ひと手間
かけて見やすくした

50 規則性と安定感ある美しいレイアウトにする

Key word
▼
グリッド
システム

前項で紹介した頭の中で描く仮想線は、慣れない人にとっては不確かです。グリッド上のガイドラインを基準にするレイアウトに**グリッドシステム**があります。すべての文章や図版をグリッドラインに配置するため、誰でも簡単に整然としたレイアウトにすることができます。

規則性のあるレイアウトを作る

グリッドシステムは、あらかじめ紙面全体を垂直・水平のグリッド（格子）で区切っておき、そのラインに沿って規則的にレイアウトする方法です。文章の行と図版の縦と横の位置がきっちり揃うため、規則正しい安定感のある印象になります。

また、配置次第で要素間のつながりを感じさせられるので、読む順番を組み立てやすくなります。

グリッドシステムは、限られたスペースに多くの情報を効率的に収め、安定感ある美しさを表現できます。ビジュアル中心の紙面に限らず、ビジネス資料で利用して清潔感、整理感を訴求するのもいいでしょう。

自由に設計するグリッドライン

グリッドラインのかたちは、自分が考えるデザインの都合で自由に設計します。実際のレイアウトは、グリッドラインに沿って要素を配置するだけ。文章量や図版の大きさに合わせて、分割エリアを塗りつぶすように配置するのが基本です。ときには、グリッドラインに合わせて写真を拡大したり、文章を増減して全体を整えます。

グリッドシステムは規則正しくなる半面、単調な印象を与えてしまうこともあります。一部をグリッドからはみ出させて変化や動きを付けたり、見出しのサイズを変えてアクセントを加えたりして、飽きさせない工夫も考えてみましょう。

● 格子状に区切ったエリアを並べて下地を作る

● グリッドに沿って要素を並べてレイアウトする

● 意図的にはみ出したり罫線を引いてアクセントを付けたりする

パワポのグリッド表示

パワポでは、「グリッド線」や「ガイド」を使ってグリッドシステムが表現できます。[表示] タブの「表示」にあるそれぞれの機能のチェックをオンにします。画面に方眼用紙のようなグリッド線が表示されたら、これに合わせて各要素を配置してください。

このグリッド線の間隔は、[グリッドとガイド] ダイアログボックスで好みに応じて設定できます。要素を強制的にグリッド線にぴったり合わせる設定もできるため、整列の微調整に悩まなくてすみます。

計画的な位置揃えは、紙面に規則性とリズムを生み出してくれるので、上手に活用しましょう。

● グリッドに沿って要素を並べるだけでいい

● グリッド線の間隔はダイアログ
　ボックスで自由に設定できる

ワードのグリッド表示

ワードでは、[レイアウト] タブの「配置」の [配置] にある [グリッドの設定] を使います。

ダイアログボックスの [グリッド線を表示する] のチェックをオンにすると、グリッド線が表示されます。

方眼紙のようなマス目にしたいときは、「グリッド線の設定」で値を設定し、「グリッドの表示」の [文字グリッド線を表示する間隔] をオンにして値を設定してください。

● 文字単位やミリ単位のグリッド線が表示できる

● 文章中心のワード文書も、整理されたレイアウトになっていく

51 余白を作ってゆとりと緊張感を出す

Key word ▼ 余白

文章の周りに**余白**がないと窮屈に感じます。逆に余白があるとゆったり感が出ます。ゆとりと緊張感を生み出す余白は、上品なイメージや空間、奥行きを作り出すことができるデザインのテクニックです。キーワードや写真の周りに広い余白を作ると、自ずと視線が集まってきます。

余白は大切なデザインの1要素

　白いページの真ん中にキーワードがポツンとあったとしましょう。誰もが「おっ」と思うはずです。これは、広い余白によってキーワードの存在が際立ち、自然とそこに視線を向けるからです。

　デザインにおける余白は「ホワイトスペース」とも呼ばれ、意図的に何もない部分を作り、紙面のバランスや雰囲気をコントロールするものです。余白を生かしたレイアウトは、上品で落ち着いたレイアウトになります。

　余白は背景の一部ではなく、何か埋めないといけない場所でもありません。文章や写真、グラフと同様に、大切なデザインの1要素です。

要素の密集と散在のバランスを図る

　要素の周りに多くの余白を作るほど、その存在が強調されますが、広すぎると締まりがなくなる恐れがあります。余白の効果的な使い方は、要素が密集する場所と散在する場所のバランスを図ることにあります。

　ビジネス資料における余白は、文字列と文字列、段落と段落、写真とキャッチコピー、図形同士といったさまざまな要素間に作ることができます。

　段落間は1行空ける、見出しと本文も1行空けるなど、読みやすさの基本のようなものはありますが、細部においては、わかりやすさを優先して判断すればいいでしょう。

 タイトルと文章と写真の配置は均等で整っているが、窮屈で読みにくい感じがする

 写真と文章を小さくして広い余白を作った。見出しが目立って自然に視線が行く

● 広い余白にタイトルを置いてゆとりを、下の文章は密集させて緊張感を出してみた

● 方向を誘う目線や矢印の先にある余白は、空間や時間に広がりや奥行きを感じさせる

Example

余白を生かして一部を目立たせたレイアウトにする

種類 ▶ 企画書 ｜ ポイント ▶ 余白で視線を集める ｜ 対応アプリ ▶

**コンシェルジュを置いて
売上増加を目指す1枚企画書。
もっとシンプルに見せたい…。**

Z型で整然とレイアウトされた紙面は、ストーリーも展開もわかりやすい。ここでは企画のポイントを一言で言い表すようなシンプルな紙面に変更してみます。企画書で訴えたいのは、専任のコンシェルジュの配置を提案することに尽きます。

**タイトル周りに大きな余白を作り、
そこに視線が来るように誘導！**

これだけ余白を取ると、上部のタイトルが目立ちます。イラストがアイキャッチとなり、「お土産コンシェルジュ」にも自然と視線が向かいます。専任のコンシェルジュを配置することが企画の核だということは、誰が見てもわかります。企画の背景や効果は記述しませんが、プレゼン時に必要に応じて補足説明すればいいでしょう。

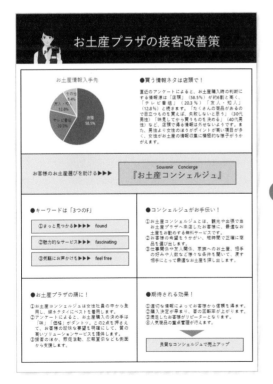

余白と対比させることで目的の要素が強調できる

52 シンメトリーで安定感を感じさせる

Key word
▼
シンメトリー

レイアウトは、どのような構図にするかが悩みどころです。構図とは、仕上りの効果を考えた紙面全体の構成のこと。同じ情報要素を使っても、構図の取り方でまったく違った雰囲気になります。安定感と安心感をアピールするなら、**シンメトリー**なレイアウトがお勧めです。

シンメトリーで絶対的な安定感を

企画書やミーティング資料は、シンメトリーなレイアウトが無難です。シンメトリーとは、真ん中に中心線を引いて左右対称、上下対称になるデザインのこと。左右上下が同じ位置に文章や見出し、グラフなどが配置されるため、全体から安定や安心が感じられるようになります。

例えば、商品を比較するときやフォーマルな印象でプレゼンしたいときに最適です。きっちりとバランスが取れた紙面は、それだけで内容が信用できる印象を与えます。まさにビジネス資料には最適な構図といえます。

つまらないようなら変化を加える

シンメトリーは安定感と落ち着きが出る反面、単調な構図でつまらない印象を与えてしまうこともあります。

そんなときは、2つの写真のモチーフ（主題）を変えて対比を強調したり、一部の要素に角度や色を付けて対称構図を崩すと変化が出ます。いずれも些細な崩し方でOKです。

また、紙面の1点を中心にして回転させた状態で対称になる点対称シンメトリーにすると、少し変化が加わり緩やかな動きが感じられるようになります。

● 左右対称のレイアウト。単純で面白味はないが、大きく扱うイラストと相まって安定感どっしり

● 左右対称のレイアウト。海と森という2つのモチーフを使って、対比のイメージを表現した

● 中央の帯ラインが目立つ上下対称のレイアウト。写真の色味に合わせて青と緑で文字色を変えた

種類 ▶ 企画書 │ ポイント ▶ 緩やかな変化を付ける │ 対応アプリ ▶

Before

完全な左右対称のレイアウト。
安定感を感じるが、
もう少し遊びが欲しいところ…。

ネット販売推進の企画書の一部。安心と安全をうたうネットショッピングに、安定感が出るシンメトリーは最適なレイアウトです。でも、静的で動きはありません。積極的な買い物を勧めるなら、アクティブな雰囲気も出したいところです。

After

点対称シンメトリーに変えて、
少しの動きと対比が
印象的なレイアウトに変身！

180度回転させた状態で対称になる、点対称シンメトリーに変更してみました。紙面に変化が出て、面白味が感じられるようになりました。「昼」「夜」のキーワードを前面に出し、2つのモチーフの対比がはっきりして読み取りやすくなっています。

> シンメトリーでありながら動きも感じる

配置機能に頼らず、最後は目視で微調整する

メッセージをわかりやすくするためには、要素の整列がとても重要です。要素同士を縦横に揃えることで整理感は高まりますが、文字の位置には若干注意が必要です。

使用するフォントや文字サイズ、テキストボックスの上下左右の余白によって、整列機能を使ってもきれいに揃って見えない場合があります。表示倍率を100%以上にした上で、1つずつ動かし目視で調整したり、余白の数値を変更して整えてください。

メイリオと図形

メイリオの文字は、テキストボックス内の文字が少し上に寄って、文字下の空きが広くなります。ほかの要素と揃えるときは、文字のアンダーラインに合わせるなどして位置を微調整しましょう。

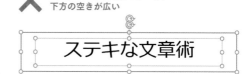

テキストボックスをずらして、
文字の下の空き具合を目視で整える

タイトルと本文

タイトルと本文を上下で並べるケースは、よく出てきます。文字サイズに大きな差があると、互いの1文字目が微妙にずれて見えることがあります。テキストボックスの余白を調整しましょう。

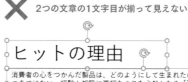

上のテキストボックスの左余白を
ゼロにする

5

「伝わる化」
スピード解決
レシピ

情報要素を整理・視覚化するさまざ
まなテクニックを見てみましょう。
ちょっとした気づきで「伝わる資
料」に生まれ変わります。

53

Key word ▶ フォント   対応アプリ ▶

Before

**読んでみると、
文字の印象が何か変だ…**

使っている文字が太く、無骨な
感じが内容とのギャップを生ん
でいます。せっかくきれいな写
真を使っているのですから、女
性らしい優しさやしなやかさを
感じさせたいところです。

女性向けボディデザイン
カリキュラムの開発

美しくありたいトレーニング
フィットネス市場は縮小傾向です。フィットネス施設は、
一時の数量飽和状態を経て、撤退する企業が増えて
います。小規模施設は乱立気味であり、燃料費の維
持費の上昇と、消費者の生活防衛意識の高まりで利
益幅は多くはありません。一方で、ダイエットや健康に
対する消費者の欲求は増加しています。
そこで「女性向けボディデザインカリキュラムの開発」
を提案します。女性の美容・健康を意識したボディデ
ザインのカリキュラムを開発し、トレーニングを中心と
したサービスに転換します。これなら新たなハードの
投資が抑えられ、維持費用も低くなります。
本サービスのコアターゲットは女性で、仕事帰りと休
日の利用促進を促します。スマホやPCを使ったマン
ツーマン指導によるトレーニングサービスです。

ゴテゴテ感が写真とミスマッチ

After

**内容に合った
フォントを選ぶ！**

フォントを「AR丸ゴシック体
M」に変更しました。画線が細
めで柔らかい感じのフォントな
ので、女性を意識するのに十分
です。本文の文字サイズも小さ
くして余白を広げました。

女性向けボディデザイン
カリキュラムの開発

美しくありたいトレーニング

フィットネス市場は縮小傾向です。フィットネス施設は、
一時の数量飽和状態を経て、撤退する企業が増えてい
ます。小規模施設は乱立気味であり、燃料費の維持費
の上昇と、消費者の生活防衛意識の高まりで利益幅は
多くはありません。一方で、ダイエットや健康に対する
消費者の欲求は増加しています。

そこで「女性向けボディデザインカリキュラムの開発」
を提案します。女性の美容・健康を意識したボディデザ
インのカリキュラムを開発し、トレーニングを中心とした
サービスに転換します。これなら新たなハードの投資
が抑えられ、維持費用も低くなります。

本サービスのコアターゲットは女性で、仕事帰りと休日
の利用促進を促します。スマホやPCを使ったマンツー
マン指導によるトレーニングサービスです。

きれいなフォントが雰囲気を盛り上げる

54

Key word ▶ フォント　　対応アプリ ▶ P W

個性的な文字だけど、読みにくい…

読みやすいフォントを使う！

ユニークなフォントは、広告やチラシに映えます。でも、カジュアルな資料といえども、読みにくいようでは効果が出ません。ビジネス資料は読みやすさが第一です。

メイリオに変えるだけで一気に読みやすくなります。標準の游ゴシック体でもOK。楽しそうな雰囲気のビジュアルには、字面の大きな現代風の文字が似合います。

縦長でユニークな「廻想体」フォント（もじワク研究所）

個性的なフォントは、使う場所と用途を考えて

55 | Keyword ▶ フォント/文字組み | 対応アプリ ▶ P W

Before

**興味を引く紙面に
変えたい…**

これでは1行の文字数が多いので、文字を目で追いかけるのが苦痛になってしまいます。文章量が多い紙面は、できるだけ読み手の負担にならないレイアウトにすべきです。

廃校舎を町のシンボルに！

すべてが「えがお交差点」からはじまる

地域の真ん中にある学校
地域の真ん中にあって子供たちを育てる学校は、町と地域住民の心のよりどころでした。廃校後、子供たちの歓声は遠ざかり、寂しとした場所に。本来、学校は住民みんなが手を取り合って、共に生きていく地域づくりの象徴のはずです。住民の息吹が感じられる新しい地域の交流シンボルとして活用します。

楽しい体験施設
まずは、小学校の改修を行い、木造の伝統建築を生かした滞在型複合体験施設として再生します。そこでは地元の漁業者や農家と連携し、子供向けの農業や漁業の体験学習プログラムを開発・実施します。生き物測りや天体教室、地元測る国の影絵上演、そば打ちなど、懐かしい木造校舎に泊まり、誰にも気兼ねせず、ゆっくりした時間を過ごす主管です。同時に、宿泊者と地域住民が利用できるレストラン機能を備えます。地元で採れる野菜や山菜、きのや果物を調理提供し、食材を通じて地元の魅力と地産地消を推進します。

制限しない利用方法
次に、国立公園や一級河川の源流といった自然環境や千年以上の歴史を持つ文化を活かし、ビオトープをはじめとしたグリーンツーリズムにも特長を出します。学校の校庭や体育館は、適度な整備と改修で運動広場（キャンプサイト）となりバーベキュー開催も可能です。青少年関係や地域グループの親睦会、レクリエーション等、制限のない多様な利用が期待できます。

企業と人に寄り添う
校舎は天井が高く廊下も広いなど、造りにゆとりがあって使いやすい構造です。電気・通信や機械警備等のインフラを整備すれば、学校は使い勝手のよいオフィスに変身です。学校の開放的な雰囲気をアピールし、ベンチャー企業の誘致、企業のサテライトオフィス化を進めます。さらに、静かな山村風景と穏やかな木造校舎は、創作意欲を掻き立て、芸術活動には最適の空間です。ここを地域の芸術文化拠点として情報を発信し、若者のプチ移住を促します。

運営協議会が運営
施設は、町民・地域による運営協議会を設置して運営にあたります。携わる人すべてが交流することを目的に「えがお交差点プロジェクト」と称します。既存施設の改築と改築、土地整備においては、徹底した現状利用と廃出削減を目指します。
廃校舎を町のシンボルにする企画は、やすらぎと体験・交流の場所を発信します。日本だけでなく、世界中の人々が集まる複合体験施設になることでしょう。そして、何より地域住民の心が踊り、地域が元気になるはずです。

> とにかく1行が長い

↓

After

**アイキャッチと文字組みで
印象を変える！**

左上には図角形で作った交差点をアイキャッチにし、「えがお交差点」をクローズアップしました。本文を3段組みに変えたことで、文章の折り返しがすっきりしました。

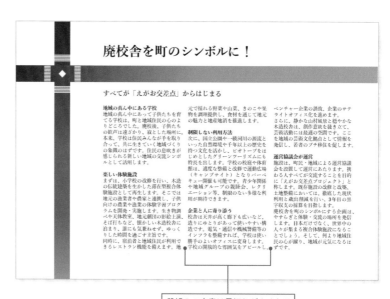

> 段組みの文章は目切りがよくなる

56 Keyword ▶ フォント／文字組み 対応アプリ ▶

Before

印象が弱く、何か物足りない…

要点だけをまとめて箇条書きにしただけのレイアウトです。タイトルやリード文に大きな文字サイズを使っても、印象が弱く伝わってこないありがちなパターンです。

『スマホで筆文字講座』

年賀状や祝儀袋、芳名録の美しい筆文字は、大切な場面で役立つ財産です。
スマホを使った新しい添削と指導は、自由で積極的な生活を応援します。

タイトル
『スマホで筆文字講座』
〜いつでもどこでもやりたいときに〜

課題
● 通える筆文字教室が近くにない。
● 時間的な調整がうまくいかない。
● 人目を気にしながら習いたくない。
● 金銭的な負担を少しでも軽くしたい。

解決
● 自宅で筆文字を習うことができる。
● 自分の好きな時間に習うことができる。
● 一人で集中して書道を勉強できる。
● 少しの受講料で習うことができる。

内容
● 会員登録した生徒は、宿題入手後に作品を送信し、達人（指導者）が添削したものを返信します。
● 提出した作品の添削が完了すると、事務局から「添削完了」のメールを送信します。生徒は「受講生専用ページ」に入室し、添削内容を見ながらおさらいします。
● 提出作品は、原則として翌日までに添削します（土・日・祝日は除く）。
● 質問は2回まで直接メール可能です。それ以外は専用掲示板にて各種のコミュニケーションを行うことができます。
● 入会費用やオプション費用は別紙を参照してください。

After

ここぞ！の箇所に個性的な書体を使う！

本文に游明朝、タイトルに有澤太楷書を使いました。縦書きで大胆に配置した個性的なフォントは、写真の雰囲気と相まって読み手の興味を引き付けます。

文字変形で印象度アップ

文字を変形すれば、テキストボックスの制約を受けずに、拡大縮小ができるようになります（94ページを参照）。変形ハンドルでより特異な形に変形できますが、歪みに注意して操作しましょう。1文字だけ加工したり角度を変えるなど、驚きとユニークな見せ方を考えてみましょう。

対応アプリ ▶ P

変形文字を組み合わせる

57

Keyword ▶ 書体 対応アプリ ▶

Before

After

斜体と下線で目立たせようと思ったが…

どちらもやめて太い書体に変える！

斜体機能 *I* で疑似斜体になるフォントは、少しも目立ちません。下線機能 U は、文字の下部と下線が近過ぎて美しく見えません。できるだけ使わないようにしましょう。

游ゴシックと游明朝は、太字機能を使っても字面が歪みません。もっと上品に、自然に強調したいときは、Bold などの名が付いた同フォントを使うといいでしょう。

提案背景

　電子ペーパー市場に参入する上では、これまで当社が蓄積してきた組織力と技術力を生かすことができます。中でも*玄人好み*と評価されてきたブランドイメージは、新技術にも継承させたい哲学です。「プロがうなる」「満足度No.1」と評価される当社製品が「満を持して」発売する商品としてデビューさせたいと考えます。
　電子ペーパーの製品化においては、*低消費電力*と*応答速度*と*視認性*の３つがポイントとなります。エコ時代の消費電力の低減は言うまでもなく、将来的には動画コンテンツの普及や一般世帯への浸透を考えると、高速な応答速度と視野角が広い視認性は必須の特徴です。動画の高速表示に対応できる電子粉流体方式での開発を進めます。
　また、利用するTPOに対応すべく、画面の視認性の向上は必須であり、開発の力点を置きたい分野です。普及の鍵は低価格化にありますので、官学共同プロジェクトを前提に、素材と技術の選定に注力します。将来の市場投入に当たっては、現行のSC-5000シリーズだけを残し、それ以外の製品は３年をメドに順次生産の取りやめを目指します。

疑似斜体や下線は紙面が汚れる

提案背景

　電子ペーパー市場に参入する上では、これまで当社が蓄積してきた組織力と技術力を生かすことができます。中でも**玄人好み**と評価されてきたブランドイメージは、新技術にも継承させたい哲学です。「プロがうなる」「満足度No.1」と評価される当社製品が「満を持して」発売する商品としてデビューさせたいと考えます。
　電子ペーパーの製品化においては、**低消費電力**と**応答速度**と**視認性**の３つがポイントとなります。エコ時代の消費電力の低減は言うまでもなく、将来的には動画コンテンツの普及や一般世帯への浸透を考えると、高速な応答速度と視野角が広い視認性は必須の特徴です。動画の高速表示に対応できる電子粉流体方式での開発を進めます。
　また、利用する**TPO**に対応すべく、画面の視認性の向上は必須であり、開発の力点を置きたい分野です。普及の鍵は**低価格化**にありますので、官学共同プロジェクトを前提に、素材と技術の選定に注力します。将来の市場投入に当たっては、現行のSC-5000シリーズだけを残し、それ以外の製品は３年をメドに順次生産の取りやめを目指します。

游ゴシックの太字機能を使った

58

Key word ▶ 書体　　対応アプリ ▶

Before

影や反射で文字を目立たせてみたが…

見出しを凝りたくなるのが人情です。でも、目立ち過ぎて不自然になり、飾り過ぎて文字がつぶれることも。せっかくの文字装飾が、読み手を不愉快にさせては逆効果です。

Background

新市場への参入プラン

　電子ペーパー市場に参入する上では、これまで当社が蓄積してきた組織力と技術力を生かすことができます。中でも**玄人好み**と評価されてきたブランドイメージは、新技術にも継承させたい哲学です。「プロがうなる」「満足度No.1」と評価される当社製品が「満を持して」発売する商品としてデビューさせたいと考えます。

　電子ペーパーの製品化においては、**低消費電力**と**応答速度**と**視認性**の３つがポイントとなります。エコ時代の消費電力の低減は言うまでもなく、将来的には動画コンテンツの普及や一般世帯への浸透を考えると、高速な応答速度と視野角が広い視認性は必須の特徴です。動画の高速表示に対応できる電子粉流体方式での開発を進めます。

　また、利用するTPOに対応すべく、画面の視認性の向上は必須であり、開発の力点を置きたい分野です。普及の鍵は**低価格化**にありますので、官学共同プロジェクトを前提に、素材と技術の選定に注力します。将来の市場投入に当たっては、現行のSC-5000シリーズだけを残し、それ以外の製品は３年をメドに順次生産の取りやめを目指します。

仰々しい文字は鬱陶しい

After

文字を装飾し過ぎないようにする！

影や反射を付けて、あれもこれもするのは危険です。決して装飾し過ぎてはいけません。文字サイズを大きくする。色を変える。罫線を引く。これだけでも十分に目立ちます。

Background

新市場への参入プラン

　電子ペーパー市場に参入する上では、これまで当社が蓄積してきた組織力と技術力を生かすことができます。中でも玄人好みと評価されてきたブランドイメージは、新技術にも継承させたい哲学です。「プロがうなる」「満足度No.1」と評価される当社製品が「満を持して」発売する商品としてデビューさせたいと考えます。

　電子ペーパーの製品化においては、低消費電力と応答速度と視認性の３つがポイントとなります。エコ時代の消費電力の低減は言うまでもなく、将来的には動画コンテンツの普及や一般世帯への浸透を考えると、高速な応答速度と視野角が広い視認性は必須の特徴です。動画の高速表示に対応できる電子粉流体方式での開発を進めます。

　また、利用するTPOに対応すべく、画面の視認性の向上は必須であり、開発の力点を置きたい分野です。普及の鍵は低価格化にありますので、官学共同プロジェクトを前提に、素材と技術の選定に注力します。将来の市場投入に当たっては、現行のSC-5000シリーズだけを残し、それ以外の製品は３年をメドに順次生産の取りやめを目指します。

罫線を引き、太字は游ゴシックMediumで控えめに

59 | Keyword ▶ 行間 | 対応アプリ ▶

行間が詰まり過ぎている…

文章が読みにくい原因の1つは、行間の狭さです。標準では行間が詰まり気味なので、少し広げるだけで随分と読みやすくなります。面倒がらずに設定し直しましょう。

具体案

- 「商品一覧」「商品特長」「評価」「購入者の声」といった来訪者のニーズを確実に満たすページを用意する。
- 作り方や季節、素材のウンチクまで、ユーザーの関心が高まる質の高い情報とメッセージを発信する。
- 来訪者のニーズを予想したリンク文言を数多く用意して、新鮮でレアな料理情報、生活知識を提供する。

優れたナビゲーションと
快適なユーザビリティを持った
Webサイトを構築する

ちょっとした読みにくさも直すべき

もう少し行間を広げてみる！

行間の調整は[段落]ダイアログボックスの「間隔」で設定します（60ページを参照）。24ポイントのテキストボックスの行間を「固定値」で32ポイントの「間隔」に広げてみました。

具体案

- 「商品一覧」「商品特長」「評価」「購入者の声」といった来訪者のニーズを確実に満たすページを用意する。
- 作り方や季節、素材のウンチクまで、ユーザーの関心が高まる質の高い情報とメッセージを発信する。
- 来訪者のニーズを予想したリンク文言を数多く用意して、新鮮でレアな料理情報、生活知識を提供する。

優れたナビゲーションと
快適なユーザビリティを持った
Webサイトを構築する

行間が広がると、余裕が出る

60

Keyword ▶ 行間   対応アプリ ▶

Before

行間が空き過ぎて 見える…

文字サイズによっては、行間が間延びすることがあります。フォントにはそれぞれに行の高さがあるため、行間が自動的に決まってしまうからです。手動で行間を詰めましょう。

キッズ料理教室の運営企画

お母さんと一緒に
楽しく料理する
小学生向け料理教室の開催

子供の頃の"食"は、大人になっても強い影響を及ぼします。子供のうちから料理を学び、食に対する正しい知識と楽しさ、健康への意識を植え付けることで、長年にわたり健康な体を維持し、快適な社会生活が営めることでしょう。
本企画は「キッズ料理教室」を運営して、食と健康における貴社の認知度を高めます。そして商品と企業のファンを増やし、商品・サービスの販売拡大につなげます。

行間が［1行］
（間隔は［28.8pt]）

After

見やすく感じる行間まで 詰める！

見出しと本文の段落は、24ポイントの游ゴシックです。広く感じたなら、行間を適度に詰めてみましょう。見出しに締まりが出て、本文との区別も明確になります。

キッズ料理教室の運営企画

お母さんと一緒に
楽しく料理する
小学生向け料理教室の開催

子供の頃の"食"は、大人になっても強い影響を及ぼします。子供のうちから料理を学び、食に対する正しい知識と楽しさ、健康への意識を植え付けることで、長年にわたり健康な体を維持し、快適な社会生活が営めることでしょう。
本企画は「キッズ料理教室」を運営して、食と健康における貴社の認知度を高めます。そして商品と企業のファンを増やし、商品・サービスの販売拡大につなげます。

行間を［固定値]、
間隔を［25pt]に
変更

固定値の25ptに変更する

フォントによって自動的に決まる行間は、［段落］ダイアログボックスの「行間」と「間隔」で自由に調整できます。行間を「固定値」にすると、文字サイズを大きくしても小さくしても、指定した行間の数値が設定されます。指定した値より大きな文字サイズが使われていると、文字が欠けて表示されますので注意してください。

61 | Key word ▶ 字間 | 対応アプリ ▶

Before

**タイトルが
ピリッとしない…**

大きな文字サイズでタイトルを
作ると、文字間が広く見えます。
文字間が広いと、安心感が生ま
れ静的な感じになります。これ
を解消したいときは、文字間を
詰めて配置します。

 トークショーのイベント企画

目的
先月に発売した健康食品の知名度向上を図ることが第一の目的にな
ります。これからの冬シーズンに向けての話題作りと、販売促進の
後方支援を兼ねたイベントです。

概要
永作涼子氏によるビューティトークショーを行います。「美肌をつ
くる食事と睡眠」をテーマにしたトークと参加者の質問の受け答え、
そして商品紹介の3部構成とします。

告知
新聞と雑誌に記事タイアップの広告を出広し、本企画のトーク
ショー参加者募集を行います。参加希望者はホームページからＰＣ
またはスマホ、ケータイなどで申し込みます。

招待方法
締切日までに申し込んだ方の中から、ペア100組の計200人を抽選で
決定します。トークショーの開催2週間前までに、招待状とアンケー
ト用紙を同封して当選者の住所に郵送します。

カタカナが多いと、スカスカに見える

After

**字間を詰めて
キュッとさせる！**

字間を詰めると緊張感が生まれ
て動的な感じになります。タイ
トルは読み手が最初に目にする
場所ですから、字間の印象で良
くも悪くもなります。些細な点
に気を配りましょう。

 トークショーのイベント企画

目的
先月に発売した健康食品の知名度向上を図ることが第一の目的にな
ります。これからの冬シーズンに向けての話題作りと、販売促進の
後方支援を兼ねたイベントです。

概要
永作涼子氏によるビューティトークショーを行います。「美肌をつ
くる食事と睡眠」をテーマにしたトークと参加者の質問の受け答え、
そして商品紹介の3部構成とします。

告知
新聞と雑誌に記事タイアップの広告を出広し、本企画のトーク
ショー参加者募集を行います。参加希望者はホームページからＰＣ
またはスマホ、ケータイなどで申し込みます。

招待方法
締切日までに申し込んだ方の中から、ペア100組の計200人を抽選で
決定します。トークショーの開催2週間前までに、招待状とアンケー
ト用紙を同封して当選者の住所に郵送します。

字間を[より狭く]にした

62

Keyword ▶ 1行文字数　　対応アプリ ▶

Before

これでも文字が多いと言われてしまった…

作り手は簡潔にまとめたつもりでも、相手はまだ「長い」と思うこともあります。プレゼンでは、文字量が多いのは致命的欠陥です。読まれない可能性さえあります。

文章が多いと感じる人もいる

After

とにかく短く簡単な情報にまとめる！

文字量が多いと感じたら、「文字数を減らす」に限ります。意図的に段落にしたり、1行空けてブロック化するなど適度なまとまりがあると、読み手の視線が動きます。

とにかく短く短くまとめる

63 | Keyword ▶ 揃え　対応アプリ ▶

Before

**行末文字がガタガタで
美しくない…**

文章の行末文字が同じ位置にないと、縦のラインがガタガタで美しくありません。欧文と和文が混在したり、半角文字が含まれていたりすると、揃わないことが多くあります。

ライバルを知ること

経営の方向づけを考えるときに、「自社が頑張れば、他社を気にする必要はない」という人がいます。しかし、短期的に業績を向上させる上で、「ライバルを知る」ことは非常に重要です。顧客の大多数は「相対的」に他社と見比べて、どちらの商品やサービスを選ぶかを決めているのです。この「相対的に」ライバルと見比べて、自分にとって都合のいいほうを決める行動を理解することが、ビジネスで非常に重要な視点です。

もちろん、ほとんどの顧客は「絶対的な」評価基準を持っているわけではありません。だからこそ、ライバルをきちんと分析することが必要になります。要は、ライバルがどのような品質と価格で、商品やサービスを顧客に提供しているかを知ることです。ライバルが同じ値段で高品質な商品を販売したら、顧客はライバルに流れる可能性が高まります。自社とすれば、ライバルと同様の戦略を取るか、価格を下げるか、ライバルより高品質な商品を提供するかのいずれかを考えなければなりません。

このように、ライバルが提供する内容によって、顧客の行動が変わります。ですから、ライバルの状況を正確にスピーディーに把握することが大切なのです。実際の経営の現場では、ライバルの状況をきちんと定量的に分析していない会社が多いのが実情、当社も多分に漏れません。これでは勝てる戦も勝てません。「他社製品などたいしたことはない」などと思ってはいけません。素直にニュートラルな目で、顧客のこと、ライバルのことを見つめることができるかどうか。これが自社の業績を伸ばす大前提なのです。

MS Pゴシック（明朝）、MS UI Gothicを使うときは注意

After

**両端揃えで
末尾を揃える！**

パワポとワードともに、［ホーム］タブの「段落」にある［両端揃え］ボタン ≡ で行の末尾を揃えましょう。レイアウト作業に没頭していると、案外忘れがちな処理です。

ライバルを知ること

経営の方向づけを考えるときに、「自社が頑張れば、他社を気にする必要はない」という人がいます。しかし、短期的に業績を向上させる上で、「ライバルを知る」ことは非常に重要です。顧客の大多数は「相対的」に他社と見比べて、どちらの商品やサービスを選ぶかを決めているのです。この「相対的に」ライバルと見比べて、自分にとって都合のいいほうを決める行動を理解することが、ビジネスで非常に重要な視点です。

もちろん、ほとんどの顧客は「絶対的な」評価基準を持っているわけではありません。だからこそ、ライバルをきちんと分析することが必要になります。要は、ライバルがどのような品質と価格で、商品やサービスを顧客に提供しているかを知ることです。ライバルが同じ値段で高品質な商品を販売したら、顧客はライバルに流れる可能性が高まります。自社とすれば、ライバルと同様の戦略を取るか、価格を下げるか、ライバルより高品質な商品を提供するかのいずれかを考えなければなりません。

このように、ライバルが提供する内容によって、顧客の行動が変わります。ですから、ライバルの状況を正確にスピーディーに把握することが大切なのです。実際の経営の現場では、ライバルの状況をきちんと定量的に分析していない会社が多いのが実情。当社も多分に漏れません。これでは勝てる戦も勝てません。「他社製品などたいしたことはない」などと思ってはいけません。素直にニュートラルな目で、顧客のこと、ライバルのことを見つめることができるかどうか。これが自社の業績を伸ばす大前提なのです。

行末が揃うと全体がきれいに見える

64 ┊ Key word ▶ 揃え ┊ 対応アプリ ▶

**読み出し位置が
揃っていない…**

強調や体裁を意識して、よかれと思った文字の中央揃えですが、読み出し位置がバラバラで、読みにくくなることが多いのも事実です。中央揃えが美しいとは限りません。

満足度のポイントは「使い勝手のよさ」

オフィス用品通販会社を選ぶ理由は、
「価格の安さ」がトップです。
一方で、満足度の視点からは、
「Webサイト／カタログ」「提供内容」「配送」
の順番と合計でほぼ70%を占めます。
このことから通販サービスの良し悪しを決めるのは、
Webサイトやカタログの「使い勝手」といえます。
対面販売機能を持たないサービスの
成功のカギは、ここにあります。

目線の移動が忙しくなる

**左揃えを
基本にする！**

読み始める場所が決まっていると、安心です。短文と長文に限らず、読ませる文章は左揃えを基本にした方がいいでしょう。目の動きが少なくて済み、リズムが出ます。

 満足度のポイントは「使い勝手のよさ」

オフィス用品通販会社を選ぶ理由は、
「価格の安さ」がトップです。
一方で、満足度の視点からは、
「Webサイト／カタログ」「提供内容」「配送」
の順番と合計でほぼ70%を占めます。
このことから通販サービスの良し悪しを決めるのは、
Webサイトやカタログの「使い勝手」といえます。
対面販売機能を持たないサービスの
成功のカギは、ここにあります。

始まりが固定されて安心する

65

Key word ▶ 段落 対応アプリ ▶

Before

段落の量に差があり過ぎて、
カッコ悪い…

説明が必要な資料では、それなりの文章量が必要です。それでも1段落の文字量が極端に多かったり、ほかの段落と文字量に差があると、見た目が美しくありません。

多感な心情が織りなす世界観が秀逸
『ゴースト・ビート・ポータブル3rd』

「ゴースト・ビート・ポータブル3rd」は、ダブルミリオンセラーを達成した前作の拡張版です。驚異のヒットを記録した前作の世界観をそのままに、初めてプレイする人でも十分楽しめるよう難易度を下げた一方で、細部にこだわって、より繊細により親切に仕様を見直したゲームソフトです。2013年末に発売以来、子供も大人も楽しめる作品として、前作以上の高い評価をいただいています。

「ゴースト・ビート・ポータブル3rd」では、本体とソフトを持ち寄ってその場でマルチプレイが行えるようになりました。契約や認証などは一切必要なく、簡単にマルチプレイできるシンプルさと期待感が多くのユーザーを獲得し始めています。2014年に入ってからは口コミが一気に広がり、プレイヤーの数が急上昇しています。前作を大きく上回る販売本数を達成できそうです。ゲームを批評する各種Webサイトや各種ゲーム雑誌でも、「ゴースト・ビート・ポータブル3rd」は高い評価をいただいております。「細部の作り込みに好印象」「キャラクターに人間味あり」「戦闘環境と生活環境の二面性が楽しい」といった意見が寄せられています。プレイヤーの感情移入を第一に考えた設計が多くのファンから賛同を得ています。

人間界とはまったく異なる生態系を持つゴーストが住む世界。そこで強大なゴーストを倒すバスター（討伐者）として生活する壮大なアクションゲーム。それが「ゴースト・ビート・ポータブル3rd」です。バスター自身はレベルアップせずに、倒したゴーストから得たさまざまな武器や技術を使うことで強くなっていきます。また、ある種のゴーストのみ、味方に引き入れることができます。どんなに強く体力のあるバスターでも、一瞬の気の緩みが死に直結しますので、緊張感やワクワク感も十分です。

ゴーストを退治した任務完了後は、お金と報酬品としてのアイテムが支給されます。比較的やさしいゴーストから対決を開始し、ある程度アイテムを揃えてから強いゴーストに立ち向かいます。ゴーストにはいたずらだけをするちょっかい系、騒々しい絶叫系、そして陰険な肉食系と、さまざまな種類が生息しています。正攻法だけで勝つことができない場合は、手元のアイテムを巧みに使いこなしてゴーストを討伐してください。

本作から最大4人でプレイすることができるようになりました。もちろん3人でも2人でも、1人でもOKです。前作のフィールドの生活環境を変えてプレイできる楽しみが加わりました。国内出荷ダブルミリオンを達成した前作も、爆発的な人気を博しましたが、本作も前作同様に、発売当日から全国の量販店で長蛇の列ができ、発売第1週で出荷90万本に到達していました。

これは、業界の垣根を超えたさまざまな販促活動の実施や、スピンオフ作品、TVアニメ、モバイルゲームなどを通じて新規顧客にアプローチしたことが要因に挙げられます。

公式、非公式を問わないケータイサイトのファンクラブをバックアップするなど、きめ細やかで持続的な情報発信により幅広い層に認知、告知が浸透していった結果と考えられます。

今年もまた、さらなるユーザー層の拡大を目指して、温泉郷の宿泊施設と連携したコラボ企画や、都内遊園施設で大規模なイベントを開催するなど、複数の製菓会社との連動プロモーションを企画しています。さらに夏には、全国8地区で「ゴースト・ビート・フェスタ」の開催を予定しています。

> 文章の"かたまり"が不揃い

After

各段落の行数を
ほぼ同じにする！

各段落の行数がほぼ同じになるように揃えましょう。仮に10行の段落なら、プラスマイナス2行程度が美しさの目安です。目安の行数になるまで内容を短くしましょう。

多感な心情が織りなす世界観が秀逸
『ゴースト・ビート・ポータブル3rd』

「ゴースト・ビート・ポータブル3rd」は、ダブルミリオンセラーを達成した前作の拡張版です。驚異のヒットを記録した前作の世界観をそのままに、初めてプレイする人でも十分楽しめるよう難易度を下げた一方で、細部にこだわって、より繊細により親切に仕様を見直したゲームソフトです。2013年末に発売以来、子供も大人も楽しめる作品として、前作以上の高い評価をいただいています。

「ゴースト・ビート・ポータブル3rd」では、本体とソフトを持ち寄ってその場でマルチプレイが行えるようになりました。契約や認証などは一切必要なく、簡単にマルチプレイできるシンプルさと期待感が多くのユーザーを獲得し始めています。2014年に入ってからは口コミが一気に広がり、プレイヤーの数が急上昇しています。前作を大きく上回る販売本数を達成できそうです。

ゲームを批評するWebサイトや各種のゲーム雑誌でも、「ゴースト・ビート・ポータブル3rd」は高い評価をいただいております。「細部の作り込みに好印象」「キャラクターに人間味あり」「戦闘環境と生活環境の二面性が楽しい」といった意見が寄せられています。プレイヤーの感情移入を第一に考えた設計が多くのファンから賛同を得ています。

人間界とはまったく異なる生態系を持つゴーストが住む世界。そこで強大なゴーストを倒すバスター（討伐者）として生活する壮大なアクションゲーム。それが「ゴースト・ビート・ポータブル3rd」です。バスター自身はレベルアップせずに、倒したゴーストから得たさまざまな武器や技術を使うことで強くなっていきます。また、ある種のゴーストのみ、味方に引き入れることができます。どんなに強く体力のあるバスターでも、一瞬の気の緩みが死に直結しますので、緊張感やワク

ワク感も十分です。ゴーストを退治した任務完了後は、お金と報酬品としてのアイテムが支給されます。比較的やさしいゴーストから対決を開始し、ある程度アイテムを揃えてから強いゴーストに立ち向かいましょう。ゴーストにはいたずらだけをするちょっかい系、騒々しい絶叫系、そして陰険な肉食系と、さまざまな種類が生息しています。正攻法だけで勝つことができない場合は、手元のアイテムを巧みに使いこなしてゴーストを討伐してください。

本作から最大4人でプレイすることができるようになりました。もちろん3人でも2人でも、1人でもOKです。前作のフィールドの生活環境を変えてプレイできる楽しみが加わりました。国内出荷ダブルミリオンを達成した前作も、爆発的な人気を博しましたが、本作も前作同様に、発売当日から全国の量販店で長蛇の列ができ、発売第1週で出荷90万本に到達していました。

これは、業界の垣根を超えたさまざまな販促活動の実施や、スピンオフ作品、TVアニメ、モバイルゲームなどを通じて新規顧客にアプローチしたことが要因に挙げられます。公式、非公式を問わないケータイサイトのファンクラブをバックアップするなど、きめ細やかで持続的な情報発信により幅広い層に認知、告知が浸透していった結果だと考えられます。

今年もまた、さらなるユーザー層の拡大を目指して、温泉郷の宿泊施設と連携したコラボ企画や、都内遊園施設で大規模なイベントを開催するなど、複数の製菓会社との連動プロモーションを企画しています。さらに夏には、全国8地区で「ゴースト・ビート・フェスタ」の開催を予定しています。

> "かたまり"が揃うと安心する

66

Key word ▶ 字下げ　　対応アプリ ▶ W

Before

1行目と2行目の
縦の文字位置が揃わない…

字下げした2行目以降の文字が、前行の上の文字位置と合わないことがあります。見た目としては美しくありません。いくつかの方法があるので、最適な手段で対処しましょう。

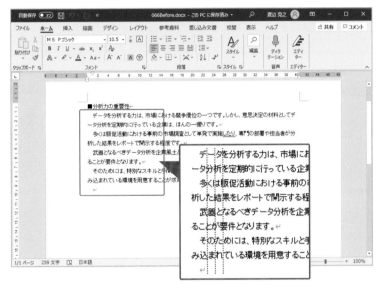

MS Pゴシックは、各行の文字位置が不揃いになる

After

いくつかの解決策を
試してみる！

①プロポーショナルフォントを使わない、②両端揃えを左揃えにする、③ルーラーや［段落］ダイアログボックスで段落の設定を変更する、といった対処をしてみます。

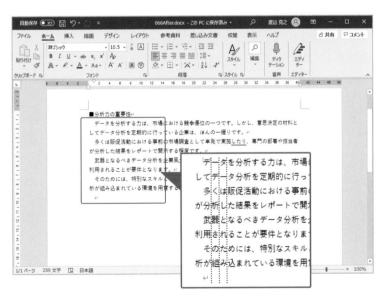

游ゴシックにすると、不揃いが解消することが多い

67 Key word ▶ 字間調節　対応アプリ ▶

Before

**游明朝を使っても
半角英数字が揃わない…**

游明朝や游ゴシック、メイリオは、前項のように全角文字は等幅フォントになりますが、半角文字は形状によって文字幅が変化します。英数字が並ぶ文字は、注意が必要です。

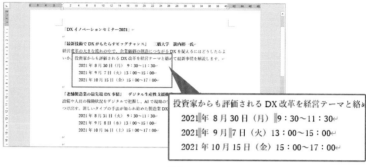

半角スペースを入れても、微妙に上の行と文字位置が揃わない

After

**英数字の自動調整機能で
文字間隔の調整を外す!**

これは、和文と欧文の間隔を自動で調整する機能があるからです。[段落]ダイアログボックスで半角の英数字の調節をしましょう。MS Pゴシック(明朝)でもきれいに揃います。

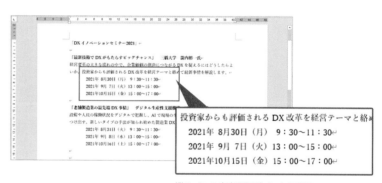

縦ラインの文字間隔がぴったり揃う

[段落]ダイアログボックス

1. オフにします
2. クリックします

[Wordのオプション]画面

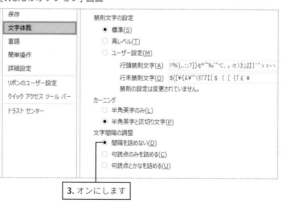

3. オンにします

68 | Keyword ▶ ぶら下げ | 対応アプリ ▶ W

Before

段落の先頭の見出しが目立たない…

見出し＆説明のセット文章が2行にわたる場合、見出しの後にタブを入れて区別しても、少しも目立ちません。2行目以降の書き出し位置を、説明文の頭に揃えるのがベストです。

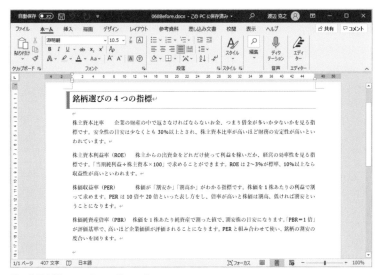

頭の位置が揃っていないと読みにくい

After

ルーラーで字下げする！

段落にカーソルを置き、ルーラーの［ぶら下げインデント］ で説明文の先頭位置までドラッグします。先頭に見出しが並ぶため、見やすくて内容も把握しやすくなります。

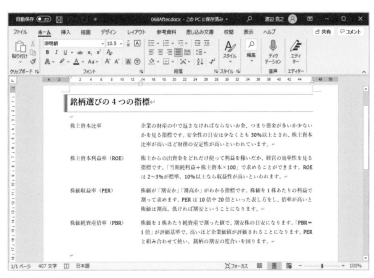

美しい文章は読みやすい

69

Keyword ▶ ぶら下げ   対応アプリ ▶

Before

段落の見出しを
もっと強調したい…

68の例で作った見出しは、説明文と区別できたものの訴求力は弱いです。行頭文字で強調するのが効果的ですが、[箇条書き]ボタンを使うだけではインデントがずれてしまいます。

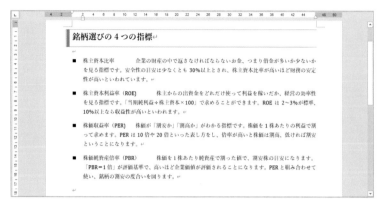

68のAfter状態で[箇条書き]ボタンをクリックすると、説明文が再度ずれてしまう

After

行頭文字を付けて
箇条書きにする！

字下げと段落記号の両方を使うと、見出しが一層強調されます。ここでは先頭の■と見出しの距離などを設定し、68の例と同様にルーラーで説明文の字下げを行っています。

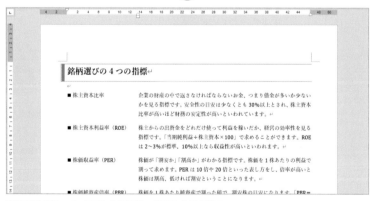

段落記号が付いて、見出しと説明文の頭出し位置が揃う

対応アプリ ▶

リストのインデントを調整する

68のBeforeの状態ではルーラーで字下げしても、見出しも一緒にずれてしまいます。行頭文字や段落番号と本文との間の空白も気になります。以下の手順でインデントの微調整をしてください。インデントとは、左端から本文までの長さのことをいいます。

1 段落を右クリックして、[リストのインデントの調整]を選択。
2 [リストのインデントの調整]ダイアログボックスの「インデント」で[7.4mm]から[4mm]に変更。
3 「番号に続く空白の扱い」で[タブ文字]から[スペース]に変更。
4 設定後、ルーラーの[ぶら下げインデント]⌂で説明文の先頭位置を決定。

70

Key word ▶ インデント　　対応アプリ ▶ P W

Before

**行内の数値の桁が
きれいに揃わない…**

1行内に文字と数値を混在して
配置することがあります。
Tab キーで1つ1つの項目を
揃えようとしても、頭揃え（左
揃え）になってしまい、見栄え
としてはよくありません。

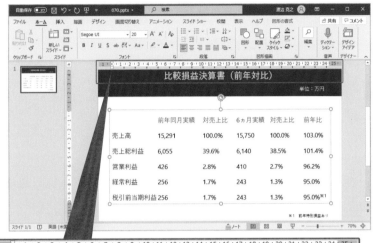

項目が多いと Tab キーの操作も増える

After

**タブルーラーで
ピタッと揃える！**

画面上部の左端にあるタブセレ
クタで種類を選択し、ルーラー
上に設定すれば種類の異なる揃
えが設定できます。ここでは数
値は右揃え、小数点のある数値
は小数点揃えをしています。

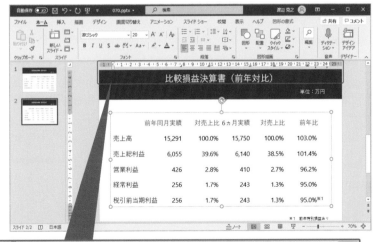

項目ごとに位置がピタッと決まる

71

Key word ▶ 罫線　　対応アプリ ▶

Before

リードと本文の区別がはっきりしない…

説明が必要な報告書やレポートは、サマリーのリード文を置くことが多い。しかし、入れるだけではリード文の役割がはっきりせず、レイアウトが散漫になりがちです。

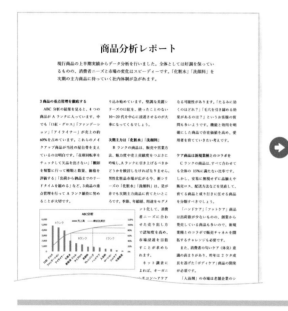

After

罫線を横に1本引いてみる！

たった1本の罫線を引くだけで、リード文と本文が明確に区切られて一気に読みやすくなります。罫線の種類と太さ、色と長さでさまざまな雰囲気を表現できます。

罫線か水平線を引く

手っ取り早く線を引きたいなら、罫線か水平線がいいでしょう。行を選択して [ホーム] タブの [段落] の [罫線] の一覧から [下罫線] か [水平線] を選びます。[線種とページ罫線と網かけの設定] を選べば、ダイアログボックスで線の種類や色を設定できます。

雰囲気に合った
罫線を作る

72

Key word ▶ ドロップキャップ　　対応アプリ ▶

文章だけなので重たい感じがする…

文章中心の資料は、殺風景になりがちです。見出しやビジュアルがない場合は、アイキャッチのような読み始めるきっかけとなるものがあるといいのですが…。

それにしても文字だけが目立つ

先頭の1文字だけ大きくする！

文章の先頭1文字だけを大きくする機能がドロップキャップです。文章にアクセントが付きます。[挿入]タブの[テキスト]の[ドロップキャップの追加]で作ります。

読み手が「おやっ」と感じてくれる

73

Key word ▶ 文字校正／スペルチェック　　対応アプリ ▶ P W X

Before

紙面から誤字脱字を
一掃したい…

誤字や脱字、スペルミスはどうしても出てしまうもの。解決策は根気よく丁寧に読み返すしかありません。ただし、校正機能を使って一気にチェックするのも効率的です。

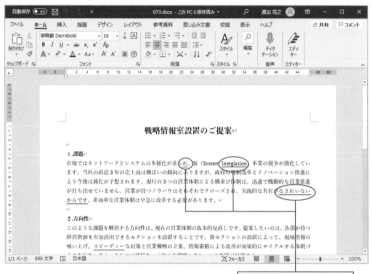

誤字脱字があると恥ずかしい

After

文章校正機能
（エディター）を使う！

赤い波線は間違いが濃厚な箇所、青い波線や二重線は「ら抜き」や繰り返しの表現上の問題がありそうな箇所です。［Wordのオプション］画面などでチェック条件が設定できます。

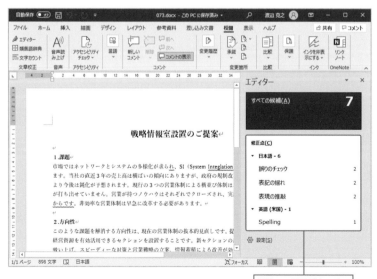

間違いの候補が出てくる

74

Key word ▶ 図形   対応アプリ ▶

Before

当たり障りのない平凡な内容だ…

ロジックを積み重ねてきれいな言葉でつなぐことに腐心すると、出来上がるのは当たり障りのない資料です。借りてきた言葉は、具体性がなく読み手の心に響きません。

言葉だけではなかなか伝わらない

After

具体性が感じられるように図解する！

文章に具体性が欠けるときは、思い切って図解してみましょう。図解なら文字だけによる冗長さを解消でき、多くの情報を直感的に伝えられます。簡潔なほど好印象です。

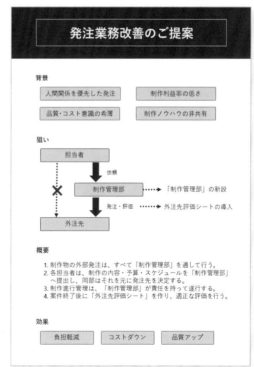

図解すると、情報が具体的になる

75 | Key word ▶ 図形 | 対応アプリ ▶ P W X

Before

もう一工夫して
プッシュしたい…

完成した図解であっても、もうひと工夫すれば印象度がアップすることがあります。図解が主張を的確に言い表しているか、不足している視点がないかを吟味する必要があります。

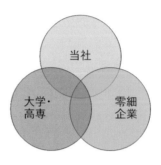

定番のベン図でも悪くないが…

After

的確な図形を
追加する！

要素の交わりを表すベン図を加工して、双方向のブロック矢印を追加しました。相互の結び付きが強まって見え、矢印のそばに置いたキーワードで具体的な関係が明示できます。

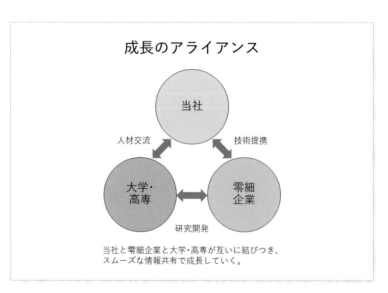

図形を加えるとわかりやすさがアップする

76

Keyword ▶ 図形 対応アプリ ▶ P W X

Before

図形が主旨に合っていない気が…

これでは2要素の役割を列挙しただけです。図解したいのは、互いが混ざり合うことで相乗効果を生み出すということ。2要素が交差したり、重なり合うレイアウトがいいでしょう。

地方移住促進の利点

地方自治体	地域企業
①支援金の交付	①人材雇用の確保
②税金の軽減	②人材の育成支援
③居住の支援	③魅力的な企業づくり
④子育ての支援	④事業税の優遇

漠然と作ると伝わらない

After

最適な図形で表現する！

大小2つの正円を使ってマントラ風の図解に変更してみました。「地方自治体」「地域企業」の2つの要素が溶け合う様子から、各々の役割とすべきことが明確に伝わってきます。

図解は主旨を表現してこそ輝く

対応アプリ ▶ P W X

内容に適した図形を選ぶ

大抵の図解は基本図形で作れます。ポイントになるのは、要素の関係や位置付けを表すのに適切な図形を使っているかという点です。組織や階層を表すなら、三角形を重ねたピラミッド図が適当です。手順や順番を表すなら、矢印や角度のある図形を並べれば、ステップアップやレベルアップの流れが表現できます。

ピラミッドの図解   ステップアップの図解

77 | Key word ▶ 塗りつぶし | 対応アプリ ▶ P W X

Before

**太字にしたものの
差が出ない…**

本例のように同じ図形が並ぶと
きに、「千代田区」の文字を太く
しても大して差がつきません。
1つだけ目立たせるには、大胆
な "違い" を作って差異を見せる
に限ります。

少しも太字が目立たない

After

**一部の図形の色を
変える！**

ここでは「千代田区」の図形だ
け濃い色ベタ白抜き文字にしま
した。これなら否応なく目立ち
ます。特定のものを強調したり、
意味の違うものを区別するとき
に効果的なテクニックです。

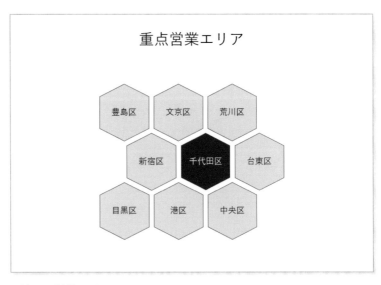

1要素だけが強調された

78

Key word ▶ チャート　　対応アプリ ▶ P W X

Before

箇条書きにしてみたが
パッとしない…

わかりやすい箇条書きですが、インパクトが弱く物足りなさを感じます。読み手の興味をそそり、強く印象付けたいときには、簡潔に直感的に伝えるチャートの方がいいでしょう。

箇条書きがイイとは限らない

After

チャートにして
確実に伝える！

曖昧になりがちな概念や仕組みを表すには、直感的に理解できるチャートが最適な表現方法です。チャートを選ぶことは、表現するものが作り手の頭の中で整理されている証拠です。

チャートならわかりやすい見せ方ができる

対応アプリ ▶ P W X

同じ内容でも見せ方は多様

チャートは、要素間の関係や位置、やり取りなどが理解しやすい図解です。同じ内容でも「何を伝えるか」によって、選ぶチャートが変わってきます。関係性ならベン図、サイクルなら循環図、関係性ならマトリックス図など、内容に適したチャートを選んで使い分けましょう。

手順や順番を表すチャート

ステップ型のチャート

79 | Key word ▶ チャート | 対応アプリ ▶ P W X

Before

チャートを作ったものの
イマイチだ…

情報を体系化して3つのポイントを導き出したロジックツリーです。ただし、主旨がストレートに伝わってきません。説明を一言で表すキーワードがあると、わかりやすいのですが…。

缶詰メニューの提供

保存食としての役割しかなかった缶詰は、付加価値を高めることで新しい食材、料理法として料理メニューに追加できます。

美味しさの追求、食べ方の工夫、商品としての演出を付加します。	食べ方の工夫を凝らすことで娯楽性や意外性を訴求します。	保存食、安価、携帯性、おつまみ等としての価値を見直します。

汲々として少し見づらい

After

キーワードを抜き出して
見出しにする！

それぞれの要素を言い表すキーワードを取り出して、各ブロックの上に配置しました。キーワードを読むだけでも意図する内容が把握でき、内容を掘り下げるのにも役立ちます。

缶詰メニューの提供

3つのアプローチ

保存食としての役割しかなかった缶詰は、付加価値を高めることで新しい食材、料理法として料理メニューに追加できます。

サプライズ感	斬新な調理法	価値再発見
美味しさの追求、食べ方の工夫、商品としての演出を付加します。	食べ方の工夫を凝らすことで娯楽性や意外性を訴求します。	保存食、安価、携帯性、おつまみ等としての価値を見直します。

見出しが読み手の理解を進めてくれる

80 | Key word ▶ マトリックス図 | 対応アプリ ▶ P W X

Before

**文章で関係性を
上手く説明できない…**

要素の関係性は、文章だとわかりにくいもの。全部読み通してイメージを膨らませるのも厄介です。全体をパッとつかめる図解があると、要素間の関係性がわかりやすくなります。

理想的なWebサイトを目指して

現在のWebサイトは、入口となる最初の1ページを見てWebサイトから離脱してしまう直帰率が高い。併せて、商品購入という最終成果に至るコンバージョン率は低い。これはアクセスしてくれたお客様を入り口で帰してしまっている証拠です。せっかく店内に入ってくれた人でも、商品と店構えが魅力的でないためにすぐ出てしまっているのが現状です。

基本的な対策としては、まず、検索率を上げるためのSEO対策が欠かせません。続いて、最終ページに生かせる魅力的なページにする改善策が必要です。ページデザインのほか、ユーザビリティに優れたつくりに変身させなければなりません。これらによって直帰率を下げ、コンバージョン率を上げて、サイトを理想的な状態に持っていくことができるでしょう。

文章から関係性は、簡単には見つからない

After

**マトリックス図なら
関係性がひと目でわかる！**

要素の位置付けに便利なのがマトリックス図や象限図です。縦軸と横軸を作り、該当位置に要素を書くだけの図法です。そこから関係性を見つけ、解決策のヒントを得ます。

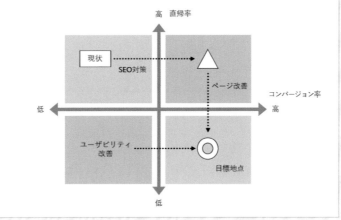

マトリックスなら要素の位置が明白になる

Keyword ▶ フレームワーク　　対応アプリ ▶

Before

見慣れない図解に
なってしまう…

アイデア披露にはオリジナリティーが求められます。そうは言っても、あまり見かけない不思議な図解では、読み手が理解できません。一般的に知られているかたちの方が伝わります。

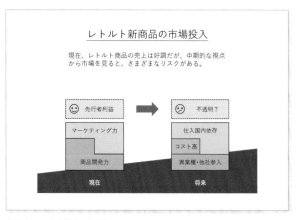

伝えたいことが図で表されていない

After

フレームワークで
一発理解させる！

PPMやロジカルシンキングなど、ビジネスの現場でよく使われるフレームワークを使いましょう。フレームワークは馴染みのある図解ですから、相手にわかりやすく説明できます。

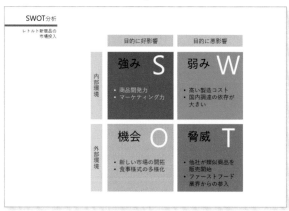

馴染みあるフレームワークなら安心だ

いろいろなフレームワーク

フレームワークは、問題発見に向けた情報分析や、問題解決のための戦略立案に利用する思考ツールです。説明ロジックを適切に整理するノウハウが詰まっています。ビジネス資料作りで役立つフレームワークは、主に右のようなものです。

対応アプリ ▶ P W X

4C分析	顧客、競合、自社、流通の情報から成功要因を見つけ出して戦略に生かす分析手法
4P分析	製品、価格、流通、プロモーションの情報を使い、マーケティングミックスを行う手法
ABC分析	商品や顧客を実績の順にABCに分類し、Aランクを最重要商品として管理する手法
PDCA	計画、実行、評価、改善のプロセスを繰り返し、品質の維持と向上を継続する経営手法
PPM	市場と自社の現状（商品や事業）を位置付けし、育成・維持・撤退などを検討する手法
SWOT	企業を内部環境の強みと弱み、外部環境の機会と脅威の視点から分析する手法
散布図（相関図）	グラフに描いた点の散らばり具合から、AとBの関係や傾向を読み取る手法
損益分岐点分析	収支トントンとなる売上高を見つけ出し、売上目標や原価・仕入管理をする手法
ガントチャート	時間軸の開始点と終了点を線で結び、計画全体を眺めて進捗状況を確認・改善する手法

82

Key word ▶ Smart Art

対応アプリ ▶ P W X

Before

「Smart Art」の
一部を使いたい…

簡単に図解できる「Smart Art」。
使ってみたものの、大げさに見
えたり文字が小さくなることが
あります。図形の一部だけが使
えれば、メッセージの表現力が
高まります。

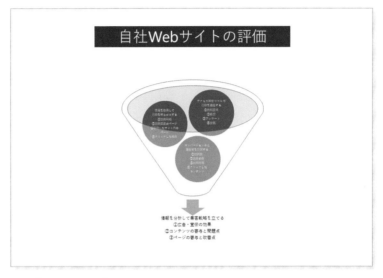

正直、「Smart Art」は野暮ったい

After

グループ解除して
取り出す！

「Smart Art」は複数の図形の集
合体ですから、グループ化を解
除すれば必要な図形だけが取り
出せます。 Ctrl + Shift + G
キーでグループ解除できます。

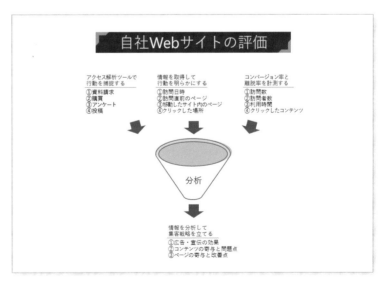

図解のパーツと表現力が増える

83

Key word ▶ ルール　　対応アプリ ▶ P W X

Before

図形の意味が
通じない…

図形の数が増えてくると、個々を区別しようとしていろいろな図形を使いがちです。残念ながらこれは逆効果です。不揃いで散乱するばかりの図形では、読み手が集中できません。

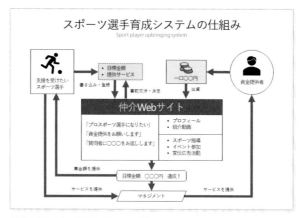

多様な形と1色の矢印にはルールがない

After

使用する図形に
ルールを設ける！

使用する図形の扱い方にルールを設けましょう。人や物、行為や意見など、伝える内容によって図形の種類や色などを決めれば、登場する図形に統一感が出て伝わりやすくなります。

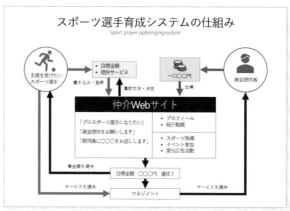

3者の役割は色が説明してくれる

対応アプリ ▶ P W X

図形のかたちが表す意味

使用する図形の形状に一定のルールを設ければ、統一感が出て図形の持つ情報が的確に伝わります。一般に、四角形や円は概念や事実、矢印は関係性と向き、ブロック矢印は経過や変化を表します。関連する要素は、同じ図形と同じ色、同じ線種を使うと、読み手は感覚的に全体がつかめるようになります。

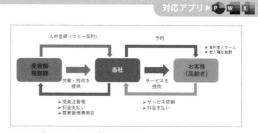

ルールがあると、すぐ読み解ける

84 Key word ▶ 回転 対応アプリ ▶

Before

イラストはそのまま使うしかない？

イラストに一手間加えたい。でもグラフィックソフトは使えない。そんなときは図形を加えてみましょう。せっかくのイラストも、印象に残らないと効果が半減します。

せっかくのイラストを活かしていない

After

図形を加えたり傾けて動きを出す！

イラストを大きくレイアウトし、イラストに付箋紙の図形を加え、ノートにペン字風の文字を乗せてみました。紙面に動きが出て、全体が明るく感じるようになりました。

付箋紙は長方形を組み合わせて回転させた

85

Key word ▶ 連番

対応アプリ ▶

Before

どこから読めばいいか
わからない…

通常、紙面は左から右、上から
下へ読むのが基本ですが、要素
が絡み合う図解は、どの順番に
読めばよいかわからなくなると
きがあります。手順やプロセス
の図解は、特に起きがちです。

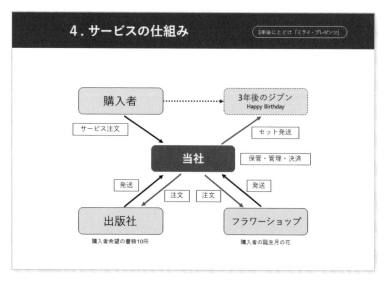

要素が全部並列なので読みにくい

After

番号を振って、
読む順番を指し示す!

簡単で明確な解説策は、番号を
振ることです。図形に番号を付
けておけば、読み手が「次は?」
と迷うことはありませんし、負
担がない分、コンテンツの吟味
に集中できます。

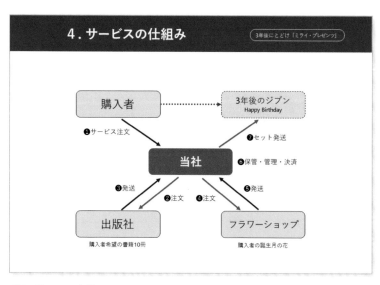

番号を振るだけで解決できる

86

Key word ▶ ツメ 対応アプリ ▶ **P**

Before

現在のページの位置が
わからない…

ページ資料は、現在どの部分を読んでいるかがわからなくなりがちです。ページがかさむほど、その傾向にあります。ツメを作っておくと、全体構成が見えるようになります。

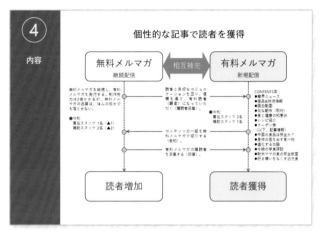

ページが多いと、読み手が迷子になる

After

ツメを付けると、
全体が見渡せる！

ツメとは、ページの小口に付けるインデックスのこと。お勧めは、全章のタイトルを記載したツメです。現在の章タイトルを濃くし、他を薄くすればデザイン的にもグッドです。

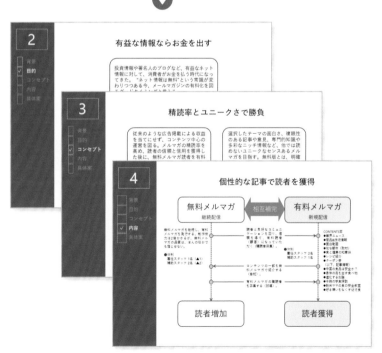

ページを開くたびに構成が認識できる

Key word ▶ アイコン   対応アプリ ▶

Before

図解したいけど
上手く作れない…

図解が苦手。イラストは描いたことがない。それでも図式化したビジュアルで伝えたい。そんな人はアイコンを使ってみましょう。メニューから選んで挿入するだけの操作です。

営業を「見える化」して組織の活動を効率化

① 電話やメール、会社が運営するECサイトやSNSからお客様の声を聞く。
② コールセンターやソーシャルオペレーターなどがお客様に対応する。
③ 各チャネルから集まった履歴データをCRM/SFAシステムに順次渡す。
④ 用意されたツールを使って、蓄積したデータを分析する。
⑤ データベースおよび基幹システムと連動しながら顧客情報を可視化する。
⑥ 顧客のことを正確に理解し、最適な営業戦略を立案・実行する。

どうしても冗長になる。図形もイマイチ

After

アイコンで
印象的に見せる！

Office 365などが提供するアイコンは、とても豊富です。1個をアイキャッチに使ったり、複数で仕組みや手順などが表現できます。読み手の理解を促すには有効な表現手段です。

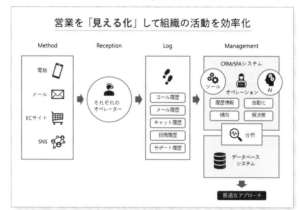

アイコンで読ませると、わかりやすくなる

イラスト風のアイコンが盛りだくさん

Microsoft 365などには、実用的なイラストのアイコンがたくさん用意されています。アイコンはSVGファイルというベクター形式の画像なので、拡大や縮小をしても画質が劣化しません。回転や着色をしてもきれいな状態が保てます。アイコンは無料で使用でき、使用料や著作権はありません。

500%超に拡大してもきれいなまま

88 | Key word ▶ 種類 | 対応アプリ ▶

Before

挿入したグラフが
しっくりこない…

要素棒がただ並んでいるだけで
は、主張が不明瞭です。グラフ
はデータが持つ意味を理解し、
適切な種類を選ぶことが重要で
す。何を伝えたいかによってグ
ラフの種類は異なります。

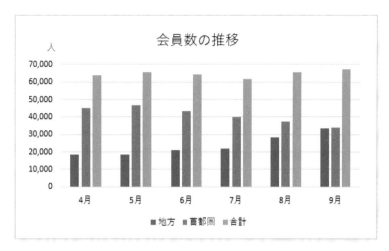

要素棒が並んでいるだけだ…

After

適切な表現をする
グラフを選ぶ！

積み上げ縦棒グラフにすると、
各要素の大小と変化が把握でき
ます。これなら「地方」と「首都
圏」で動きが逆転しているのが
わかります。主張が伝わるグラ
フを選びましょう。

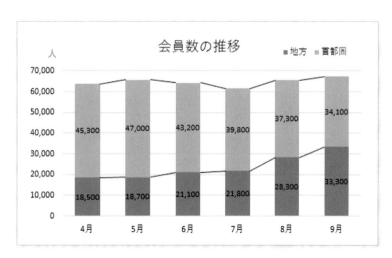

これなら微妙な変化も何となく理解できる

Key word ▶ 種類　　対応アプリ ▶ P W X

Before

項目名が長くて
バランスが悪い…

項目の文字数が多くなると、斜めに表示されて読みにくくなります。当然、プロットエリアの縦スペースも狭くなってしまいます。不恰好なグラフは相手に嫌がられます。

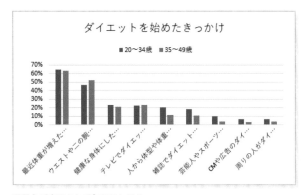

項目名が表示されず欠けてしまう

After

横棒グラフに変えて
見やすくする！

項目の文字数を減らせなければ、横棒グラフに変更しましょう。文字が多くてもしっかり読めて不恰好になりません。軸の文字サイズを下げると、よりバランスがよくなります。

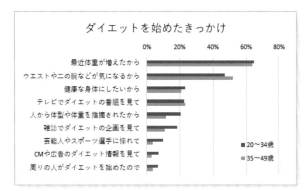

長い項目名が一応収まる

対応アプリ ▶ P W X

セル内の文字を改行する

長い項目名のバランスが悪いときは、2行にしましょう。セル内の改行したい文字位置で Alt ＋ Enter キーを押せば、カーソル以降の文字が改行されてグラフの項目名が2行で表示されます。その後は、グラフエリアやプロットエリアのサイズを適宜調整して見栄えを整えてください。

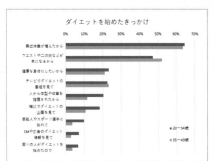

文字サイズも小さくして
バランスを取る

90

Key word ▶ 種類　　対応アプリ ▶

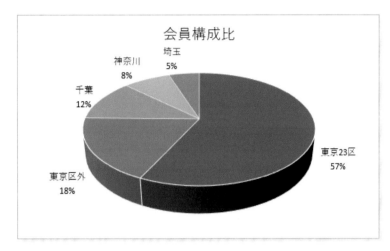

Before

案外、要素が
比較しにくい…

3Dグラフは派手な割に比率の比較がしにくく、角度によっては大小に錯覚が生じることもあります。安易に3Dグラフを使うと、意味が伝わらないことがあるので要注意です。

見た目の錯覚で誤読されることもある

After

3Dグラフは
使わない！

ノーマルな円グラフの方が、比率を正確に読み取れます。隣り合う要素の比較もスムーズです。一見インパクトがありそうな3Dグラフですが、安易に使わないようにしましょう。

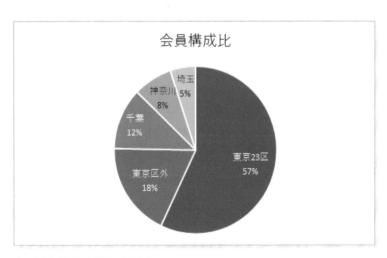

すっきりと見せた方が正しく伝わる

91 | Key word ▶ 種類 | 対応アプリ ▶

Before

**内訳の構成比が
比較しにくい…**

複数の系列で要素の構成比を比
較する場合、ドーナツグラフで
は各要素の起点がずれて比較し
にくくなります。仮に円グラフ
を2つ並べても、距離があって
視線の移動がネックです。

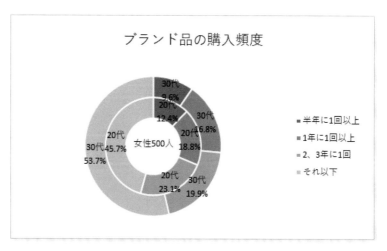

12時を起点に要素がずれるため比較しにくい

After

**積み上げ棒グラフで
比較する!**

複数の系列の場合は、積み上げ
棒グラフで比較しましょう。比
較項目が上下（左右）に並ぶの
で目線がサッと動きます。区分
線を引けば、基線がはっきりし
て比較が簡単です。

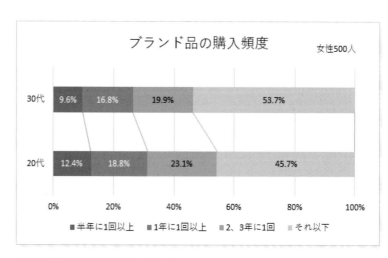

区分線が要素の比較を容易にしてくれる

92

Key word ▶ 面グラフ　　対応アプリ ▶

Before

**数値の変化に
ボリューム感を持たせたい…**

折れ線グラフは、時系列の変化
や項目の推移・傾向を見るのに
便利です。ただし、線で表現す
る折れ線グラフはビジュアル的
に物足りなく、ボリューム感を
伝えることはできません。

折れ線グラフはボリューム感を伝えられない

After

**折れ線グラフを
面グラフに変える！**

折れ線グラフの領域を色で塗り
つぶしたのが面グラフです。面
グラフは面の高さを意識させる
ので、時間の経過によって変化
する量や傾向を強調したい場合
に使うといいでしょう。

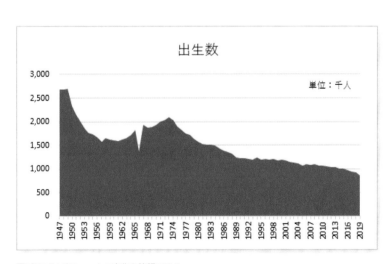

面グラフはボリュームの変化を強調できる

93 | Key word ▶ ピラミッドグラフ | 対応アプリ ▶

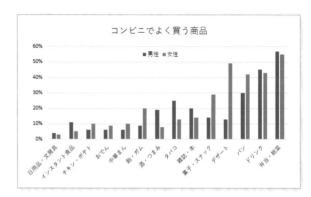

Before

項目ごとの比較が
見づらい…

項目に対して男性と女性を比較したい場合、棒グラフだと1項目ずつの比較はできますが、全体を把握できません。他項目もサッと見渡せたら、全体の各項目の度合いがつかめるのですが…。

項目の大小の違いはわかるが…

After

ピラミッドグラフで
左右対称にする！

項目に対する構成具合を観察できるのがピラミッドグラフ。1項目に対して左右（上下）対称に要素を配置できるので、直感的に比較できます。横棒グラフを加工して作成します。

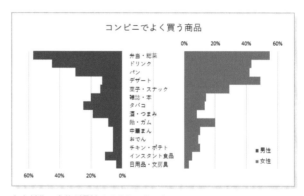

左右対称で全体が見渡せるようになった

対応アプリ ▶ P W X

ピラミッドグラフの作り方

年齢別の人口構成比のように、段階的なボリュームを眺めるのがピラミッドグラフです。
ピラミッドグラフは、集合横棒グラフの主軸を左側、第2軸を右側に表示して作ります。ポイントは3点。1つ目は左右の各横軸の目盛りの最小値を「最大値＋α」のマイナス値を設定し、マイナス値を表示しない設定にすること。2つ目は左側の軸を反転させること。3つ目は項目軸（縦軸）をきれいに中央に配置するためにラベルの間隔を微調整することです。

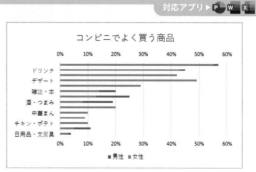

「女性」の系列を第2軸にして作り進める

94 Keyword ▶ ガントチャート　対応アプリ ▶ P W X

Before

見やすい工程表が作れない…

作業の工程表を横棒グラフで表すと、作業単位のグラフになってしまいます。これだと作業と日数と流れが一体化して理解できません。全体が眺められるグラフにしたいところです。

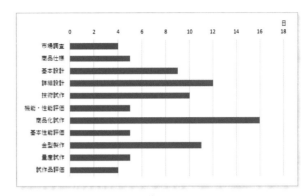

あくまでも棒グラフなので大小を比較するだけだ

After

ガントチャートを作る！

時間軸の上の開始点と終了点を線で結んだものがガントチャートです。計画全体を眺めて進捗状況を確認するのに使います。ガントチャートは、横棒グラフを加工して作成できます。

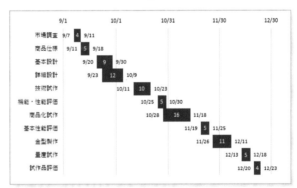

作業単位の日数と進行が一目でわかる

対応アプリ ▶ P W X

グラフ以外で作るガントチャート

ガントチャートはブロック矢印を並べたり、セルを1つずつ塗りつぶして作ることもできますが、日数が変わればその都度手直ししなければなりません。条件付き書式を使って、作業開始日と終了日を入れるだけでセルを塗りつぶす方法でもガントチャートが作れます。行間が接するので、重なる作業の有無がパッとわかります。

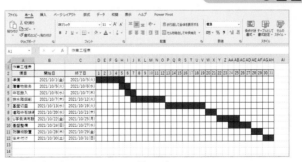

日付を入力し直せば、チャートの長さも変わる

95 | Key word ▶ マップ | 対応アプリ ▶ P W X

Before

**地域別データを
もっと見やすくしたい…**

地域別の数値は円グラフや棒グラフでも説明できますが、直感的につかめる地理的情報があると快適です。世界や日本、特定の地域が地図で説明できれば、誰が見てもわかります。

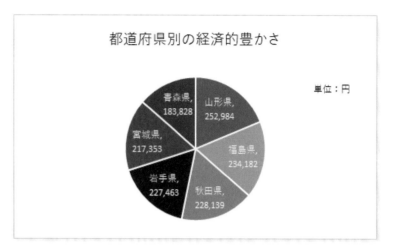

円グラフなどでは表現に限界がある

After

**振り分けマップで
地図グラフを作る！**

塗り分けマップは、国や地域、市町村や郵便番号など、地理的領域があるデータを使って地図グラフを作ります。Excel 2016の3Dマップよりも直感的で見やすく表現できます。

この機能はMicrosoft 365またはOffice 2019で使用できる

96
Key word ▶ 縦軸　　対応アプリ ▶

Before

多くの情報が目に入って読みにくい…

せっかく調べたデータは、多くの情報を入れたくなるのが人情です。要素数、目盛線と補助線、凡例など、入れるほどに窮屈なグラフになっていきます。もっとシンプルにすべきです。

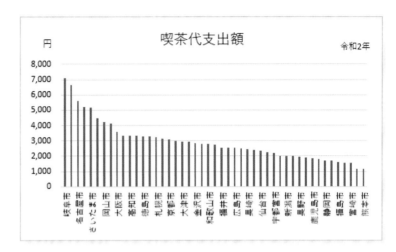

情報が多いほどメッセージが見えなくなる

After

縦軸を外して目盛線も入れない！

紙面の中のグラフは明確であるべきです。要素数を必要最低限に絞り込み、縦軸と目盛線を外してみましょう。トップ10を見せるなら、要素棒の長さと数値がわかれば十分です。

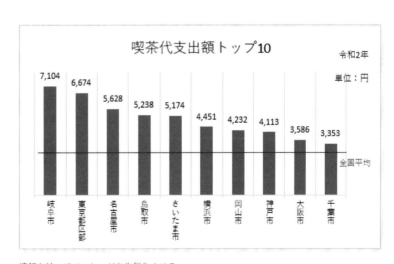

情報を絞ってメッセージを先鋭化させる

97

Key word ▶ 第2軸　対応アプリ ▶ P W X

Before

第2軸の要素が
重なってしまう…

数値の差が大きな要素をグラフにするときは、第2軸を用意すると便利です。しかし、複合グラフ以外では要素同士が重なってきれいなグラフにならないので、少し工夫が必要です。

要素が重なって読み取れない

After

空データを使って
加工する！

横軸の項目幅は限られるので、要素が多いと重なります。そこで空データを加えて4つの要素棒を作り、その後2つの要素を削除し、最終的に主軸と第2軸の縦棒グラフを残します。

2軸のある棒グラフなら見やすい

対応アプリ ▶ P W X

4→2要素の棒グラフへ変更する

空の系列データ「ダミー1」と「ダミー2」を用意し、4要素の縦棒グラフを作ります。ただし、2つのダミーは空ですから要素棒は表示されません。その後、「売上」と「ダミー1」を主軸に、「ダミー2」と「販売個数」を第2軸に設定します。重なり合った棒グラフができたら、系列の重なりと要素の間隔の2つが並ぶように調整します。最後に凡例から「ダミー1」と「ダミー2」を Delete キーで削除します。

	A	B	C	D	E	F
1	売上額と販売個数					
2		売上	ダミー1	ダミー2	販売個数	
3	2016年	12,119,679			2,392	
4	2017年	13,521,003			2,472	
5	2018年	14,470,196			2,596	
6	2019年	14,755,226			2,573	
7	2020年	12,047,491			1,911	
8	2021年	13,359,351			2,235	
9						

空データを2列挿入する　　　　　　　　　空データが項目間の隙間を作ってくれる

98 | Key word ▶ 要素数 | 対応アプリ ▶

Before

円の要素の数が多くて わからない…

要素の数が多くなり過ぎると、狭い中に密集して読みにくくなります。ラベルを外側に配置してもさほど変わりません。そもそもすべての要素を見せる必要があるのでしょうか？

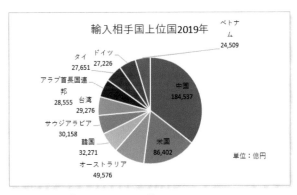

要素が混雑して比較しにくい

After

5つ程度に絞り、 それ以外は「その他」に！

要素を5つ程度に絞り、それ以外は「その他」にまとめましょう。全体のバランスが整い、見やすさがアップします。「その他」の中身は、別グラフや内訳グラフで対処しましょう。

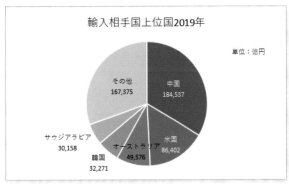

「その他」にまとめるとすっきりする

対応アプリ ▶

内訳は補助円グラフを使う

希望の要素数を自動的に「その他」にまとめるのが、補助円グラフです。グラフの種類で「補助円付き円グラフ」を選べば、すぐ出来上がります。ポイントは2つ。内訳を何個にするかを「補助プロットの値」で指定します。そして、データラベルが読みやすくなるように、本円との距離の「要素の間隔」と補助円の大きさの「補助プロットのサイズ」を調整してください。

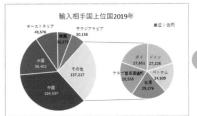

補助円の大きさと距離が設定できる

本例では下位5つを「その他」にまとめた

99 | Keyword ▶ 強調 | 対応アプリ ▶ P W X

伝えたいメッセージは どこにある？

メッセージの信用度を高めるために添えた客観的なデータが、ただのグラフになってしまうことがあります。伝えたいことがわからないグラフは、あっても意味がありません。

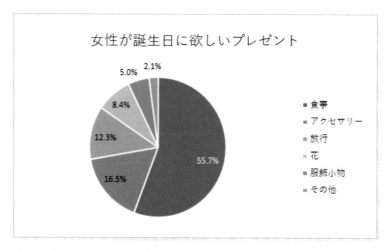

グラフはグラフ。メッセージに昇華させよう

徹底して強調、徹底して省く！

伝えたいメッセージは「食事55.7%」という結果です。ここだけを強調し、伝えたいメッセージは一言で簡潔に示します。無用な情報を徹底して省くと、メインが引き立ちます。

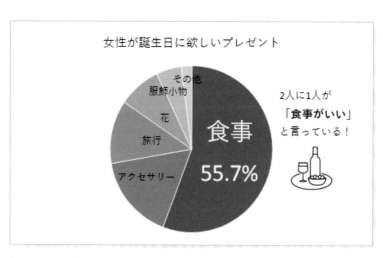

伝えたいことは大胆に、それ以外は目立たないようにする

100

Key word ▶ 凡例

対応アプリ ▶

Before

グラフが小さく 窮屈になってしまう…

グラフを作ると、タイトルと凡例が自動的に挿入されます。この2つがプロットエリアを圧している主な原因です。企画書や提案書の紙面では、必ずしも必要とは限りません。

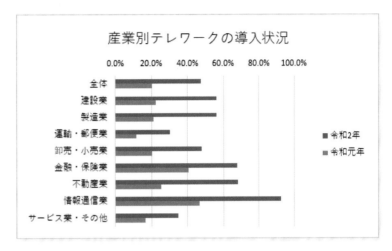

横棒が短くて比較しづらい

After

凡例をグラフに 重ねてみる！

プロットエリアを大きく取ると、総じてグラフが見やすくなります。凡例の文字サイズを小さくしてグラフに重ねたり、タイトルを外すなどしてプロットエリアを広げてみてください。

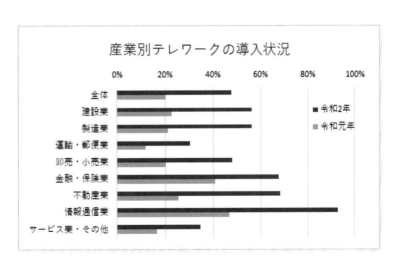

凡例をグラフに重ね、目盛りの小数点以下を外した

101

Key word ▶ データラベル　　対応アプリ ▶

Before

グラフを追うと、目線が泳いでしまう…

要素が増えてくると、目線がグラフと凡例を行き来しなければなりません。どの要素がどの凡例を指しているかわからなくなります。折れ線や積み上げ棒グラフでは、なおさらです。

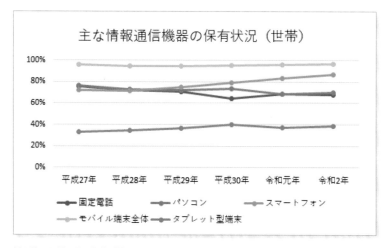

主な情報通信機器の保有状況（世帯）

折れ線と凡例の目の往復が忙しい

After

凡例を外してデータラベルを使う！

凡例を使わずに、マーカーの横にラベルを表示すれば、1つ1つを目で追う負担がありません。最終データに「系列名」だけを表示させ、それ以外のデータラベルは削除します。

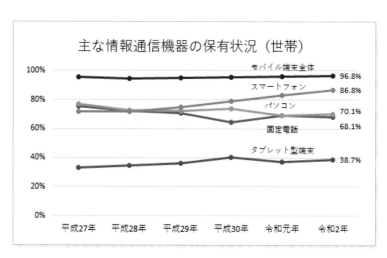

主な情報通信機器の保有状況（世帯）

令和元年は系列名、令和2年は値を表示した

102 Key word ▶ 順番　対応アプリ ▶ P W X

Before

要素の並び方が
バラバラだ…

要素の並べ方に作り手の意図が感じられないと、読み手は理解に苦しみます。結局はグラフに信ぴょう性も生まれません。要素の並べ方に何らかのルールを設けるべきです。

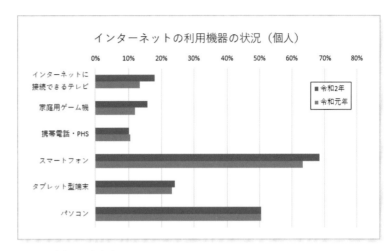

ここで五十音順は意味がない

After

大きい順に並べて
メッセージを伝える！

グラフは数値の大きい順に並べるのが基本です。ほかに小さい順、年齢順、地域順など、一般に通じる並べ方をしましょう。また、要素の一部の色を変えると、主旨が明確になります。

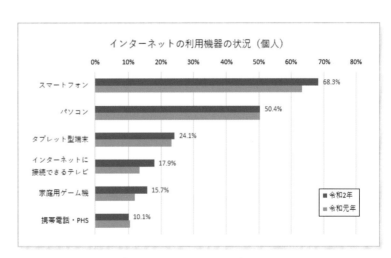

一部の要素に色を付けて、「パソコンはこれ以上増えず」「携帯電話は市場淘汰される」といったメッセージもできる

103

Key word ▶ パターン   対応アプリ ▶

Before

モノクロ印刷だと、
要素の違いがわからない…

カラフルなグラフをモノクロ印刷すると、トーンが同じに見えて要素の区別がつきません。社内資料はモノクロ印刷することも多いので、きれいに印刷できる方法を覚えておきましょう。

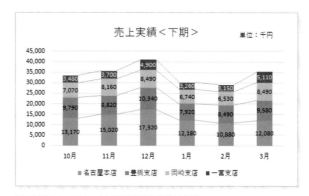

画面はきれいでもモノクロ印刷時は注意が必要

After

要素を1つずつ
パターンで塗りつぶす！

きれいにモノクロ印刷するには、斜線やドット柄の「パターン」で1つずつ塗りつぶす方法と、自動的にモノクロ変換してくれる「白黒印刷」を実行する方法があります。

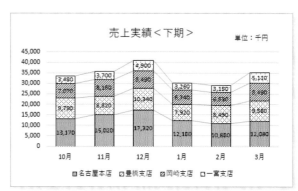

系列ごとにドット柄を変えた。濃くて緻密な柄は避けよう

対応アプリ ▶ P W X

パターンで塗りつぶすか、白黒印刷する

自分好みのデザインにしたいときは、「パターン」にあるドット柄を選び、「前景」を黒、「背景」を白にして要素を塗りつぶします。枠線を黒にすると、より区別がはっきりします。一方、白黒印刷設定は、グラフの色をモノクロ印刷に適した色や模様に変換する機能です。あまり悩まずに手早く白黒印刷できます。

[ページ設定] ダイアログボックスの
[グラフ] タブで設定

[塗りつぶし (パターン)] の
チェックをオン

104 ┊ Key word ▶ 目盛間隔 ┊ 対応アプリ ▶

Before

**項目数が多くて
横軸ラベルが窮屈だ…**

横軸の項目が多いと、無理に全部を表示させようとしても見苦しくなるだけです。文字を小さくしても、全体のバランスが崩れてしまいます。きれいにレイアウトする方法は？

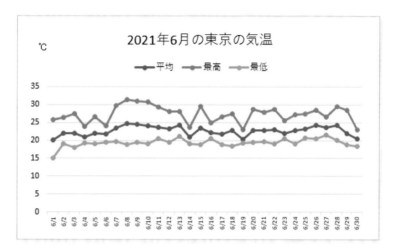

横軸の日付が小さくて読めない

After

**目盛間隔を間引いて
すっきり見せる！**

横軸の項目名は、必ずしも全部表示させなければいけない理由はありません。項目名を適度に間引いてすっきりさせましょう。本例は1ヵ月を7日の間隔で表示しています。

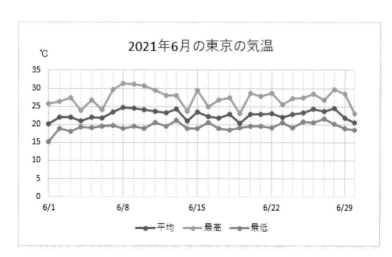

横軸の表示単位を7日にして、主と補助の2つの目盛り線を入れた

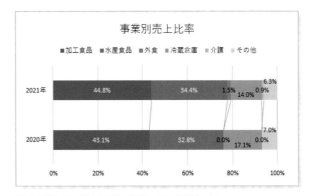

Before

グラフ上のゼロが邪魔だ…

表データはゼロを表示させておく方がよいのですが、グラフ上のゼロは見た目にうるさく、表示させたくないのが心情です。ゼロのデータラベルだけを、1つ1つ削除するのも面倒です。

ゼロを表示させておくのは、格好いいものではない

After

ゼロを表示しない設定にする！

データラベルのゼロは、ユーザー設定で非表示にできます。元データが整数なら「0;;;」、パーセントなら「0.0%;;;」、小数点なら「0.0;;;」や「#;」のように指定しておきましょう。

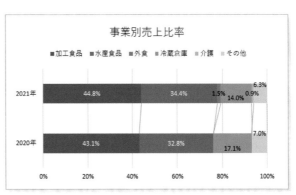

ゼロのときは表示しない設定にしておく

セルの値によって表示形式を変える

ユーザー定義はセルだけでなく、本例のようにグラフのデータラベル表示にも利用できます。書式は、[正の数の書式;負の数の書式;ゼロの書式;文字列の書式]と4つの書式をつなげて記述します。例えば、10%未満のデータを非表示にしたい場合には、「[<0.01]#;[>=0.01]0.0%;;」のように設定することもできます。

ユーザー設定の「表示形式コード」に書式を入力する

106　Key word ▶ 空白セルの表示方法　対応アプリ ▶ P W X

Before

**折れ線グラフが
途切れてしまう…**

データの変化を見る折れ線グラフで欠損値があると、折れ線が途切れてしまいます。プレゼン用の資料で見栄えは重要ですから、きれいに線をつなげる配慮が必要です。

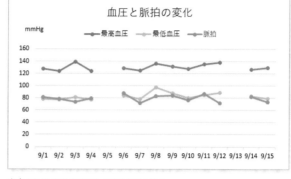

空白セルをそのままにしておいてはダメ

After

**強制的に前後の点を
線で結ぶ！**

折れ線グラフの場合、欠損値（空白セル）を飛ばして自動的に前後の点を線で結ぶ機能があります。これは個々のデータ系列の設定ではなく、グラフ全体の設定になります。

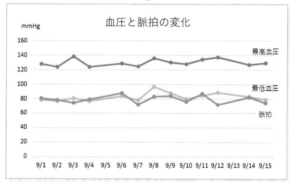

線を繋ぐと、自然な折れ線に見える

対応アプリ ▶ P W X

空白セルの前後のデータを線で結ぶ

以下の手順で、強制的に空白セルの前後のデータを線で結ぶことができます。

1 [グラフのデザイン]タブの「データ」にある[データの選択]をクリック。
2 [データソースの選択]ダイアログボックスの[非表示および空白のセル]をクリック。
3 [データ要素を線で結ぶ]のチェックをオン。

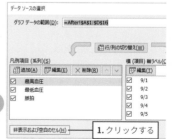

また、空白セルに「=NA()」を入力してエラー値「NA#」を返し、折れ線をつなぐ方法もあります。数式が入力されている場合は、「=IF(……,NA(),……)」のように訂正します（3-D折れ線はいずれの方法も不可）。

107 | Key word ▶ 図形 | 対応アプリ ▶ P W X

Before

**シンプルでインパクトある
グラフにしたい…**

グラフに説得力を持たせようとすると、体裁に執着しがちです。単位を入れ、色を付け、ラベルを表示して…とやっていると、意図がはっきりしないグラフになることがあります。

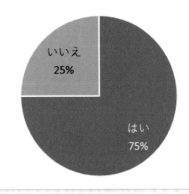

省エネ・CO2削減を実施しているか？

いいえ
25%

はい
75%

企業が省エネとCO2排出量の削減の具体的な行動策定をしているかの調査では、「全社で実施」している企業は約75％に上っている。

伝えたいのはグラフの体裁ではない

After

**図形だけで
グラフを作る！**

プレゼンのグラフに精密さは必要ありません。訴求したいポイントに焦点を当て、図形でグラフを作るのもいい手です。本例は基本図形の部分円（パイ）で作ったものです。

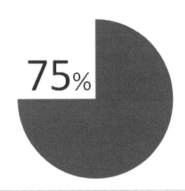

省エネ・CO2削減を実施しているか？

75%

企業が省エネとCO2排出量の削減の具体的な行動策定をしているかの調査では、「全社で実施」している企業は約75％に上っている。

「75%」の数字が前面に出た

108 | Key word ▶ 図形 | 対応アプリ ▶

Before

**数値の変化が
強く伝わらない…**

データを時系列で見せるだけで
は、読み手は「ふ〜ん」で終わっ
てしまいます。どこに注目して
ほしいのか？　差異はどこなの
か？　ポイントを適度に加工す
ることが必要になります。

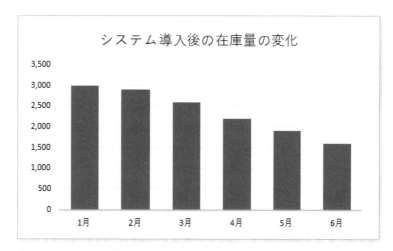

変化を見せるだけでは感動はない

After

**図形を加えて
強調する！**

注目箇所をわかりやすくするこ
と。数値の差異をはっきりさせ
ること。この2つがポイントで
す。なくても大差ないデータを
外し、図形を加えてメッセージ
を明らかにしましょう。

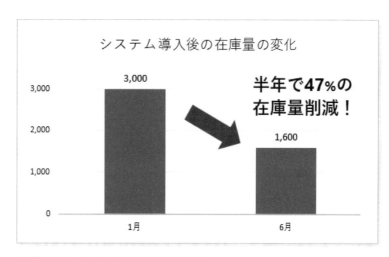

2要素と図形で、数値の違いと具体的効果を強調した

109   Key word ▶ 背景   対応アプリ ▶ P W X

Before

シンプルなグラフに
注目させたい…

数値を視覚化するグラフですが、読み手に興味がなければ簡単には注目してくれません。「おやっ？」と思わせるには、写真を使って興味を引き、視線を誘導するのが効果的です。

グラフを楽しく表現したいときもある

After

背景の写真で
雰囲気を盛り上げる！

メッセージに合ったグラフの背景に写真を入れると、雰囲気が高まります。テーマと一致した写真を用意し、グラフエリアかプロットエリアを写真で塗りつぶします。透明化して薄く挿入してください。

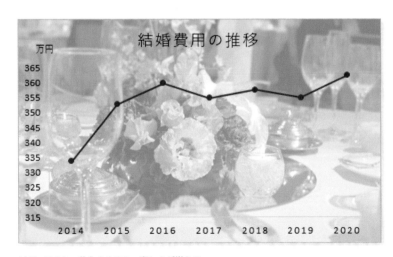

ビジュアルと一体化させると、楽しさが増える

110 | Keyword ▶ 罫線 | 対応アプリ ▶ P W X

線ばかりでうっとうしい…

表組みというと、安易に縦横に
罫線を引きがちです。しかし、
線ばかりで区切られた数値は
うっとうしく、何より読みにく
くなります。罫線はできるだけ
ない方が見やすくなります。

データよりも罫線が目に入ってくる

縦罫線は使わない！

縦の罫線は使わないようにしま
しょう。縦の罫線がなくなる
だけで格段にすっきりします。
もっと簡素にしたい場合は、列
見出しと最終行以外の横罫線も
外してみましょう。

最初と最後の行だけ罫線を残した

それでも縦罫線を引きたい人は？

どうしても縦罫線を入れたい場合があるかもしれません。そんな
ときは薄いグレーがお勧めです。グレーだと、格子状の表でも縦
罫線の印象が弱まって目障り感が緩和されます。さらに、表の大
きさや項目数によって、罫線の種類と太さを変えて調整しましょ
う。色罫線は気が散るので使わない方がいいでしょう。

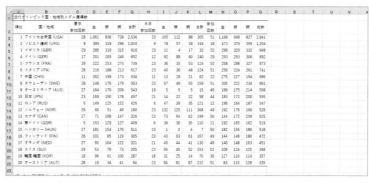

薄く見える横線なら気にならない

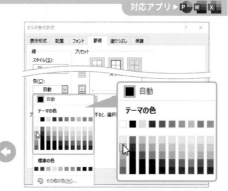

いくつかのグレーの中から選ぶ

111

Key word ▶ 罫線　　対応アプリ ▶ P W X

Before

色のある表だと、
区別がしにくい…

色を付けた表はカラフルになりますが、項目の区別がしにくくなることがあります。罫線を引いたり色の濃淡で区別ができたりするものの、表全体が重い印象になってしまいます。

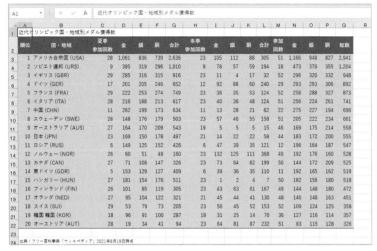

全体に色を付けると、暗く重くなりがち

After

白い罫線を引く！

表全体に色が付いている場合は、白い罫線を使うのも一手です。色ベタには白抜き文字が目立つのと同時に、表内の白い罫線は項目の区別を明確にし、洗練された雰囲気にします。

行間に白い太罫線を引いた

112

Before

標準設定の行間が狭く感じたら…

エクセルの標準設定は、游ゴシックで行高が18.75ポイント（25ピクセル）です。字面が大きいメイリオなどを使うと、上下の罫線が近くなって少し詰まった印象になります。

	総人口に占める割合			
年次	年少人口	生産年齢人口	老年人口	
	0〜14歳	15〜64歳	65歳以上	うち75歳以上
昭和25年	35.4%	59.7%	4.9%	1.3%
昭和30年	33.4%	61.3%	5.3%	1.6%
昭和35年	30.0%	64.2%	5.7%	1.7%
昭和40年	25.6%	68.1%	6.3%	1.9%
昭和45年	23.9%	69.0%	7.1%	2.1%
昭和50年	24.3%	67.7%	7.9%	2.5%
昭和55年	23.5%	67.4%	9.1%	3.1%
昭和60年	21.5%	68.2%	10.3%	3.9%
平成02年	18.2%	69.7%	12.1%	4.8%
平成07年	16.0%	69.5%	14.6%	5.7%
平成12年	14.6%	68.1%	17.4%	7.1%
平成17年	13.8%	66.1%	20.2%	9.1%
平成18年	13.6%	65.5%	20.8%	9.5%
平成19年	13.5%	64.8%	21.5%	9.9%
平成20年	13.4%	64.3%	22.0%	10.3%
平成21年	13.3%	63.7%	22.7%	10.7%
平成22年	13.1%	63.8%	23.0%	11.1%
平成23年	13.1%	63.6%	23.3%	11.5%
平成24年	13.0%	62.9%	24.1%	11.9%
平成25年	12.9%	62.1%	25.1%	12.3%
平成26年	12.8%	61.3%	26.0%	12.5%
平成27年	12.6%	60.7%	26.6%	12.8%
平成28年	12.5%	60.8%	26.6%	12.8%
平成29年	12.4%	60.3%	27.3%	13.3%
平成30年	12.3%	60.0%	27.7%	13.8%
令和元年	12.2%	59.7%	28.1%	14.2%

出展：「人口推計」総務省統計局

11ポイントのメイリオでは、罫線に接して見える

After

行高を標準から21程度に変更する！

行高を21ポイント（28ピクセル）にすると、一気に窮屈さが解消されます。僅かな差ですが、表が30、40行に及ぶと、画面や印刷の出力サイズが大きく変わってきます。

	総人口に占める割合			
年次	年少人口	生産年齢人口	老年人口	
	0〜14歳	15〜64歳	65歳以上	うち75歳以上
昭和25年	35.4%	59.7%	4.9%	1.3%
昭和30年	33.4%	61.3%	5.3%	1.6%
昭和35年	30.0%	64.2%	5.7%	1.7%
昭和40年	25.6%	68.1%	6.3%	1.9%
昭和45年	23.9%	69.0%	7.1%	2.1%
昭和50年	24.3%	67.7%	7.9%	2.5%
昭和55年	23.5%	67.4%	9.1%	3.1%
昭和60年	21.5%	68.2%	10.3%	3.9%
平成02年	18.2%	69.7%	12.1%	4.8%
平成07年	16.0%	69.5%	14.6%	5.7%
平成12年	14.6%	68.1%	17.4%	7.1%
平成17年	13.8%	66.1%	20.2%	9.1%
平成18年	13.6%	65.5%	20.8%	9.5%
平成19年	13.5%	64.8%	21.5%	9.9%
平成20年	13.4%	64.3%	22.0%	10.3%
平成21年	13.3%	63.7%	22.7%	10.7%
平成22年	13.1%	63.8%	23.0%	11.1%
平成23年	13.1%	63.6%	23.3%	11.5%
平成24年	13.0%	62.9%	24.1%	11.9%
平成25年	12.9%	62.1%	25.1%	12.3%
平成26年	12.8%	61.3%	26.0%	12.5%
平成27年	12.6%	60.7%	26.6%	12.8%
平成28年	12.5%	60.8%	26.6%	12.8%
平成29年	12.4%	60.3%	27.3%	13.3%
平成30年	12.3%	60.0%	27.7%	13.8%
令和元年	12.2%	59.7%	28.1%	14.2%

出展：「人口推計」総務省統計局

長い表は、少しゆったり見せた方が好印象。
サイズとフォントで上手く判断したい

113

 Key word ▶ 塗りつぶし ▎ 対応アプリ ▶

Before

大きな表だと、
目で追っていくのが大変だ…

行数が多い表や複雑な表ほど、読みにくくなるのは当然です。最も厄介なのが、行内を左から右へ、上から下へ目で追っていく行為です。現在位置が曖昧になってしまいます。

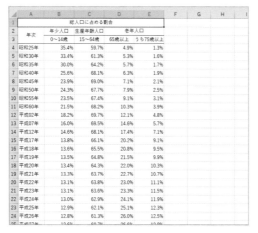

行列が増えるほど、凝視しないといけない

After

1行おきに色を付ける！

最も簡単な解決策は、1行おきに色を付けることです。これだけで同一行の情報が目で追いやすくなります。濃い色だと文字が読みにくくなるので薄い色がお勧めです。

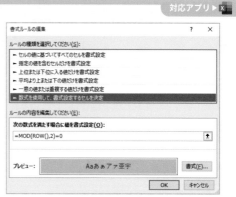

行の識別ができるので読み取りやすい

対応アプリ ▶ X

条件付き書式で塗りつぶす

表が何十行にもなると、1つずつ塗りつぶすのは大変です。途中で行の追加や削除があると、なおさらです。条件付き書式で、1行おきに色を付ける設定しておくと便利です。割り算の余りを求めるMOD関数と、セルの行番号を返すROW関数を使い、指定した範囲の偶数行に色を付ける数式「=MOD(ROW(),2)=0」を入力します。奇数行に色を付けるなら、最後を「=1」にします。

表を編集しても自動的に偶数行に色が付く

114

Key word ▶ 文字サイズ　　対応アプリ ▶ P W X

Before

**文字と線が
近くて読みにくい…**

項目が多い表ほど、文字と罫線の近さが気になります。極力、縦と横の罫線を使わないようにしても、文字と数値が並ぶ計算書のような書類は、ぎゅうぎゅう感がなくなりません。

比較損益計算書

（単位：百万円）

科　目	第15期 平成28年4月1日から 平成29年3月31日まで			第16期 平成29年4月1日から 平成30年3月31日まで			第17期 平成30年4月1日から 平成31年3月31日まで		
	金額	構成比		金額	構成比	伸び率	金額	構成比	伸び率
売上高	3,079	102.0%		3,252	101.9%	105.6%	3,467	101.5%	106.6%
売上値引返品	61	2.0%		60	1.9%	98.4%	52	1.5%	86.7%
総売上高	3,018	100.0%		3,192	100.0%	105.8%	3,415	100.0%	107.0%
期首製品棚卸高	205			224		109.3%	295		131.7%
当期製品製造原価	2,493			2,657		106.6%	2,707		101.9%
期末製品棚卸高	224			295		131.7%	252		85.4%
売上原価計	2,474	82.0%		2,586	81.0%	104.5%	2,750	80.5%	106.3%
売上総利益	544	18.0%		606	19.0%	111.4%	665	19.5%	109.7%
販売費管理費	436	14.4%		480	15.0%	110.1%	498	14.6%	103.8%
営業利益	108	3.6%		126	3.9%	116.7%	167	4.9%	132.5%
受取利息	12	0.4%		14	0.4%	116.7%	15	0.4%	107.1%
雑収入	10	0.3%		25	0.8%	250.0%	19	0.6%	76.0%
営業外収益計	22	0.7%		39	1.2%	177.3%	34	1.0%	87.2%
支払利息割引料	48	1.6%		55	1.7%	114.6%	65	1.9%	118.2%
雑損失	12	0.4%		10	0.3%	83.3%	14	0.4%	140.0%
営業外費用計	60	2.0%		65	2.0%	108.3%	79	2.3%	121.5%
経常利益	70	2.3%		100	3.1%	142.9%	122	3.6%	122.0%
特別利益	0	0.0%		10	0.3%		9	0.3%	90.0%
特別損失	12	0.4%		5	0.2%	41.7%	10	0.3%	200.0%
税引前当期利益	58	1.9%		105	3.3%	181.0%	121	3.5%	115.2%
法人税等	28	0.9%		51	1.6%	182.1%	57	1.7%	111.8%
当期利益	30	100.0%		54	1.7%	180.0%	64	1.9%	118.5%

読み手のことを考えて可読性を高めたい

After

**文字サイズを下げて、
グレーの罫線を使う！**

窮屈さを解消するには、①文字サイズを下げる ②数値に欧文フォントを使う ③線を黒からグレーに変える といった方法を試してみましょう。可読性がアップするはずです。

比較損益計算書

（単位：百万円）

科　目	第15期 平成28年4月1日から 平成29年3月31日まで			第16期 平成29年4月1日から 平成30年3月31日まで			第17期 平成30年4月1日から 平成31年3月31日まで		
	金額	構成比		金額	構成比	伸び率	金額	構成比	伸び率
売上高	3,079	102.0%		3,252	101.9%	105.6%	3,467	101.5%	106.6%
売上値引返品	61	2.0%		60	1.9%	98.4%	52	1.5%	86.7%
総売上高	3,018	100.0%		3,192	100.0%	105.8%	3,415	100.0%	107.0%
期首製品棚卸高	205			224		109.3%	295		131.7%
当期製品製造原価	2,493			2,657		106.6%	2,707		101.9%
期末製品棚卸高	224			295		131.7%	252		85.4%
売上原価計	2,474	82.0%		2,586	81.0%	104.5%	2,750	80.5%	106.3%
売上総利益	544	18.0%		606	19.0%	111.4%	665	19.5%	109.7%
販売費管理費	436	14.4%		480	15.0%	110.1%	498	14.6%	103.8%
営業利益	108	3.6%		126	3.9%	116.7%	167	4.9%	132.5%
受取利息	12	0.4%		14	0.4%	116.7%	15	0.4%	107.1%
雑収入	10	0.3%		25	0.8%	250.0%	19	0.6%	76.0%
営業外収益計	22	0.7%		39	1.2%	177.3%	34	1.0%	87.2%
支払利息割引料	48	1.6%		55	1.7%	114.6%	65	1.9%	118.2%
雑損失	12	0.4%		10	0.3%	83.3%	14	0.4%	140.0%
営業外費用計	60	2.0%		65	2.0%	108.3%	79	2.3%	121.5%
経常利益	70	2.3%		100	3.1%	142.9%	122	3.6%	122.0%
特別利益	0	0.0%		10	0.3%		9	0.3%	90.0%
特別損失	12	0.4%		5	0.2%	41.7%	10	0.3%	200.0%
税引前当期利益	58	1.9%		105	3.3%	181.0%	121	3.5%	115.2%
法人税等	28	0.9%		51	1.6%	182.1%	57	1.7%	111.8%
当期利益	30	100.0%		54	1.7%	180.0%	64	1.9%	118.5%

文字サイズを1ポイント下げ、2種類のグレーで線を引き直した

115

Keyword ▶ 強調　　対応アプリ ▶ P W X

Before

特定の項目に視線を集めたい…

国別一覧の中で「欧州の国」を強調したい場合、該当箇所の文字サイズを上げても、さほど強調されていません。逆にデコボコが気になって、読み取りにくさすら受けます。

各国のCO2排出量

順位	国名	2020年	順位	国名	2019年	順位	国名	2018年	順位	国名	2017年
1	中国	9,894	1	中国	9,806	1	中国	9,649	1	中国	9,463
2	米国	4,432	2	米国	4,994	2	米国	5,137	2	米国	4,984
3	インド	2,298	3	インド	2,468	3	インド	2,446	3	インド	2,321
4	**ロシア**	1,432	4	**ロシア**	1,548	4	**ロシア**	1,563	4	**ロシア**	1,506
5	日本	1,027	5	日本	1,118	5	日本	1,158	5	日本	1,181
6	イラン	650	6	**ドイツ**	681	6	**ドイツ**	734	6	**ドイツ**	761
7	**ドイツ**	605	7	イラン	645	7	韓国	646	7	韓国	631
8	韓国	578	8	韓国	623	8	イラン	617	8	サウジアラビア	594
9	サウジアラビア	565	9	インドネシア	620	9	サウジアラビア	575	9	イラン	579
10	インドネシア	541	10	カナダ	576	10	カナダ	573	10	カナダ	563
11	カナダ	515	11	サウジアラビア	574	11	インドネシア	571	11	インドネシア	522
12	南アフリカ	434	12	南アフリカ	462	12	メキシコ	468	12	メキシコ	477
13	ブラジル	415	13	メキシコ	449	13	南アフリカ	451	13	南アフリカ	470
14	オーストラリア	370	14	ブラジル	442	14	ブラジル	443	14	ブラジル	458
15	トルコ	369	15	オーストラリア	398	15	**イギリス**	395	15	**イギリス**	401
16	メキシコ	360	16	トルコ	385	16	オーストラリア	395	16	オーストラリア	399
17	**イギリス**	317	17	**イギリス**	378	17	トルコ	391	17	トルコ	397
18	**イタリア**	287	18	**イタリア**	330	18	**イタリア**	336	18	**イタリア**	335
19	ベトナム	283	19	**ポーランド**	301	19	**ポーランド**	320	19	**フランス**	318
20	**ポーランド**	279	20	**フランス**	299	20	**フランス**	307	20	**ポーランド**	315
21	タイ	276	21	タイ	294	21	タイ	299	21	スペイン	298

隔行塗りつぶしの表に14ポイントの太字。むしろ読みづらい

After

上品な方法で差異を作る！

データを強調するときに大事なのは、メリハリを付けることです。色文字や少しのサイズアップでも目立たせることができます。相対的な違いで差異を出し、上品に仕上げましょう。

各国のCO2排出量

順位	国名	2020年	順位	国名	2019年	順位	国名	2018年	順位	国名	2017年
1	中国	9,894	1	中国	9,806	1	中国	9,649	1	中国	9,463
2	米国	4,432	2	米国	4,994	2	米国	5,137	2	米国	4,984
3	インド	2,298	3	インド	2,468	3	インド	2,446	3	インド	2,321
4	ロシア	1,432	4	ロシア	1,548	4	ロシア	1,563	4	ロシア	1,506
5	日本	1,027	5	日本	1,118	5	日本	1,158	5	日本	1,181
6	イラン	650	6	ドイツ	681	6	ドイツ	734	6	ドイツ	761
7	ドイツ	605	7	イラン	645	7	韓国	646	7	韓国	631
8	韓国	578	8	韓国	623	8	イラン	617	8	サウジアラビア	594
9	サウジアラビア	565	9	インドネシア	620	9	サウジアラビア	575	9	イラン	579
10	インドネシア	541	10	カナダ	576	10	カナダ	573	10	カナダ	563
11	カナダ	515	11	サウジアラビア	574	11	インドネシア	571	11	インドネシア	522
12	南アフリカ	434	12	南アフリカ	462	12	メキシコ	468	12	メキシコ	477
13	ブラジル	415	13	メキシコ	449	13	南アフリカ	451	13	南アフリカ	470
14	オーストラリア	370	14	ブラジル	442	14	ブラジル	443	14	ブラジル	458
15	トルコ	369	15	オーストラリア	398	15	イギリス	395	15	イギリス	401
16	メキシコ	360	16	トルコ	385	16	オーストラリア	395	16	オーストラリア	399
17	イギリス	317	17	イギリス	378	17	トルコ	391	17	トルコ	397
18	イタリア	287	18	イタリア	330	18	イタリア	336	18	イタリア	335
19	ベトナム	283	19	ポーランド	301	19	ポーランド	320	19	フランス	318
20	ポーランド	279	20	フランス	299	20	フランス	307	20	ポーランド	315
21	タイ	276	21	タイ	294	21	タイ	299	21	スペイン	298
22	台湾	276	22	ベトナム	291	22	スペイン	291	22	タイ	296
23	フランス	251	23	台湾	285	23	台湾	290	23	台湾	292
24	マレーシア	251	24	スペイン	271	24	アラブ首長国連邦	273	24	アラブ首長国連邦	278

色文字＋太字の処理だけ。隔行塗りつぶしを外したので十分目立つ

116

Key word ▶ 順番

対応アプリ ▶ P W X

Before

データの並べ方の
根拠がわからない…

数値は大きい順に並べれば、間違った解釈はされません。しかし、売上より「利益率」に注目させたい場合は、その意図が伝わるように、強調させる工夫をしなければいけません。

| A1 | ▼ | : × ✓ fx | 支店別実績集計 | | | | |

	A	B	C	D	E	F	G	H
1	支店別実績集計					(単位：万円)		
2	支店	目標	実績	達成率	前年実績	前年対比		
3	東京中央本店	1,000	1,100	**110%**	900	122%		
4	東京第一支店	800	930	**116%**	700	133%		
5	東京第二支店	600	590	98%	520	113%		
6	東京第三支店	500	510	102%	470	109%		
7	湾岸支店	600	490	82%	500	98%		
8	東エリア支店	500	440	88%	450	98%		
9	北エリア支店	400	430	**108%**	390	110%		
10	南エリア支店	400	370	93%	380	97%		
11	合計	4,800	4,860	101%	4,310	113%		
12								
13								

何の順番で並んでいるのかわからない

After

並びの基準となる
列を強調する！

並びの都合上、左の項目より右側にある項目で降順や昇順に並べることがあります。このような場合は、該当列に薄い色を付けたり、文字サイズを大きくして意図を伝えましょう。

| A1 | ▼ | : × ✓ fx | 支店別実績集計 | | | | |

	A	B	C	D	E	F	G	H
1	支店別実績集計					(単位：万円)		
2	支店	目標	実績	達成率	前年実績	前年対比		
3	東京第一支店	800	930	**116%**	700	133%		
4	東京中央本店	1,000	1,100	**110%**	900	122%		
5	北エリア支店	400	430	**108%**	390	110%		
6	東京第三支店	500	510	102%	470	109%		
7	東京第二支店	600	590	98%	520	113%		
8	南エリア支店	400	370	93%	380	97%		
9	東エリア支店	500	440	88%	450	98%		
10	湾岸支店	600	490	82%	500	98%		
11	合計	4,800	4,860	101%	4,310	113%		
12								
13								

利益率の高い順のトップ3が一目瞭然だ

Keyword ▶ 列挿入　　対応アプリ ▶ P W X

Before

単位が異なるので
読み取りにくい…

桁数の多い数値や単位が異なる数値、何度も出現する単位や言葉がある場合は、見やすいように整理しましょう。数値は桁数が少ない方が、確実に読みやすくなります。

複数の単位があちこちに散らばっている

After

単位用の列を
新しく用意する！

「千円」「%」「回」といった数値の単位を表す列を新たに用意しましょう。これだけでグッと読みやすくなります。大きな数値は千円単位、百万円単位で表すのが一般的です。

単位用の列を用意すれば、全体がすっきりする

対応アプリ ▶ P

数値と一緒に単位を表示する

数値と一緒に「個」「本」といった単位や文字を表示させることができます。表示形式を変えるだけなので、セル内の数値に影響を及ぼしません。見積書や伝票のような文書で適用すると便利です。値がゼロのときは「0個」と表示されるので、ゼロ以下のときは、空欄になるように「##,##0"個";;」としておくといいでしょう。

ユーザー定義で表示形式を追加する

118

Key word ▶ 列挿入/行挿入　　対応アプリ ▶

Before

列項目が増えると、区別がわからなくなる…

列数が多いと、行内を目で追う途中で左右の区別がわからなくなります。項目が階層になっていればなおさらです。縦罫線を引くと、格子だらけになるので避けたいところです。

都道府県	比重調整後集計世帯数(n)	パソコン	インターネットの利用機器（世帯単位）							
			モバイル端末			タブレット型端末	テレビ	家庭用ゲーム機	その他
			総数	携帯電話(PHS含む)	スマートフォン				
北海道	665	76.5%	94.2%	18.6%	88.7%	38.6%	21.9%	23.7%	2.5%
青森県	133	68.4%	92.3%	18.7%	88.8%	35.5%	21.3%	22.9%	1.7%
岩手県	133	68.0%	90.4%	21.5%	83.9%	36.9%	22.8%	24.3%	3.4%
宮城県	261	73.0%	90.8%	16.1%	86.5%	30.9%	21.5%	24.6%	3.6%
秋田県	93	72.2%	93.9%	16.1%	87.4%	27.0%	23.0%	21.4%	1.9%
山形県	103	74.5%	94.1%	19.6%	88.6%	37.8%	24.4%	25.4%	4.1%
福島県	187	68.3%	91.8%	20.9%	86.5%	32.3%	22.3%	22.3%	2.4%
茨城県	313	74.6%	92.9%	24.4%	86.8%	40.3%	24.5%	26.1%	1.7%
栃木県	209	72.8%	93.6%	19.9%	90.6%	43.0%	25.8%	28.4%	3.8%
群馬県	225	65.7%	95.6%	12.0%	93.7%	47.2%	22.4%	29.5%	1.7%
埼玉県	884	74.5%	95.3%	18.6%	90.2%	40.5%	27.4%	32.4%	5.0%
千葉県	723	80.4%	95.3%	14.1%	91.3%	41.9%	25.9%	32.6%	6.6%
東京都	2024	84.1%	95.6%	18.4%	92.3%	44.9%	27.1%	26.1%	4.3%
神奈川県	1141	81.3%	95.4%	16.2%	90.8%	50.0%	27.5%	29.1%	1.3%
新潟県	224	66.3%	95.9%	20.3%	90.1%	36.2%	19.2%	22.5%	1.2%
富山県	119	83.0%	95.1%	17.3%	90.9%	45.9%	34.2%	29.4%	3.1%
石川県	131	81.7%	92.6%	15.7%	90.0%	38.3%	21.5%	27.2%	4.2%
福井県	77	76.6%	90.8%	15.0%	88.0%	38.0%	25.2%	25.3%	2.0%
山梨県	95	84.5%	96.4%	28.7%	91.4%	53.1%	23.6%	25.8%	3.3%
長野県	224	76.3%	92.2%	19.3%	85.6%	39.4%	23.7%	24.6%	0.6%
岐阜県	218	73.8%	93.7%	17.5%	88.7%	39.1%	19.2%	26.5%	2.0%
静岡県	426	75.9%	85.7%	14.5%	81.9%	40.3%	22.0%	25.2%	2.3%
愛知県	897	79.8%	96.2%	16.9%	92.1%	46.0%	30.3%	29.3%	3.6%

色を付けた表は、なおさら見えにくくなる

After

新しい列を挿入して区別しやすくする！

セルの間に新しい列や行を挿入すると、隣接する項目と区別しやすくなります。列幅や行高を狭くして、区切り用の白い線として見せます。表全体も明るく見える効果が出ます。

都道府県	比重調整後集計世帯数(n)	パソコン	インターネットの利用機器（世帯単位）							
			モバイル端末			タブレット型端末	テレビ	家庭用ゲーム機	その他
			総数	携帯電話(PHS含む)	スマートフォン				
北海道	665	76.5%	94.2%	18.6%	88.7%	38.6%	21.9%	23.7%	2.5%
青森県	133	68.4%	92.3%	18.7%	88.8%	35.5%	21.3%	22.9%	1.7%
岩手県	133	68.0%	90.4%	21.5%	83.9%	36.9%	22.8%	24.3%	3.4%
宮城県	261	73.0%	90.8%	16.1%	86.5%	30.9%	21.5%	24.6%	3.6%
秋田県	93	72.2%	93.9%	16.1%	87.4%	27.0%	23.0%	21.4%	1.9%
山形県	103	74.5%	94.1%	19.6%	88.6%	37.8%	24.4%	25.4%	4.1%
福島県	187	68.3%	91.8%	20.9%	86.5%	32.3%	22.3%	22.3%	2.4%
茨城県	313	74.6%	92.9%	24.4%	86.8%	40.3%	24.5%	26.1%	1.7%
栃木県	209	72.8%	93.6%	19.9%	90.6%	43.0%	25.8%	28.4%	3.8%
群馬県	225	65.7%	95.6%	12.0%	93.7%	47.2%	22.4%	29.5%	1.7%
埼玉県	884	74.5%	95.3%	18.6%	90.2%	40.5%	27.4%	32.4%	5.0%
千葉県	723	80.4%	95.3%	14.1%	91.3%	41.9%	25.9%	32.6%	6.6%
東京都	2024	84.1%	95.6%	18.4%	92.3%	44.9%	27.1%	26.1%	4.3%
神奈川県	1141	81.3%	95.4%	16.2%	90.8%	50.0%	27.5%	29.1%	1.3%
新潟県	224	66.3%	95.9%	20.3%	90.1%	36.2%	19.2%	22.5%	1.2%
富山県	119	83.0%	95.1%	17.3%	90.9%	45.9%	34.2%	29.4%	3.1%
石川県	131	81.7%	92.6%	15.7%	90.0%	38.3%	21.5%	27.2%	4.2%
福井県	77	76.6%	90.8%	15.0%	88.0%	38.0%	25.2%	25.3%	2.0%
山梨県	95	84.5%	96.4%	28.7%	91.4%	53.1%	23.6%	25.8%	3.3%
長野県	224	76.3%	92.2%	19.3%	85.6%	39.4%	23.7%	24.6%	0.6%
岐阜県	218	73.8%	93.7%	17.5%	88.7%	39.1%	19.2%	26.5%	2.0%
静岡県	426	75.9%	85.7%	14.5%	81.9%	40.3%	22.0%	25.2%	2.3%
愛知県	897	79.8%	96.2%	16.9%	92.1%	46.0%	30.3%	29.3%	3.6%
三重県	202	74.7%	93.1%	14.9%	88.7%	40.4%	25.3%	29.1%	2.3%
滋賀県	156	77.2%	93.5%	20.5%	86.2%	36.1%	31.8%	29.5%	2.6%

色のない行列が項目を区切ってくれる。明細行には白い罫線を引いた

119

Key word ▶ 余白   対応アプリ ▶

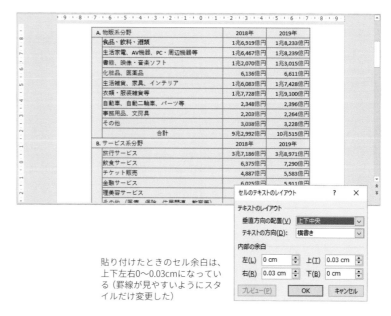

Before

セル内の文字が
窮屈に見える…

パワポのスライドやワードの文書に、エクセルの表をコピー＆貼り付けすると、セルの余白が狭くなることがあります。本例でもデータと罫線がかなりくっついて見えます。

貼り付けたときのセル余白は、上下左右0〜0.03cmになっている（罫線が見やすいようにスタイルだけ変更した）

After

余白を指定して、
ゆったり見せる！

セルの余白を変更して、表内のデータの可読性を確保しましょう。エクセルはセル内の余白を指定できないので、文字サイズと列幅、行高の変更などで調整しましょう。

左右0.25cm上下0.13cmに設定してゆったり見せている

120

Key word ▶ インデント　　対応アプリ ▶

Before

項目の大小や内訳がはっきりしない…

1項目のデータは1列に収めるのが基本です。ただし、項目に大中小がある場合に頭揃えをすると、階層が区別できません。スペースで1つずつずらしていくのも非効率です。

科　目	2021年度	2020年度
Ⅰ 営業活動に関するキャッシュ・フロー		
1.当期純利益 （△は損失）	△ 19,453	△ 431,007
2.営業活動に関するキャッシュ・フローへの調整		
（1）減価償却費	302,141	352,890
（2）有価証券の売却損益 （△は利益）	△ 93	△ 6,160
（3）貸倒引当金繰入額	17,621	4,170
（4）法人税等繰延額 （△は増加）	19,572	△ 87,246
（5）投資有価証券の評価減	52,611	92,806
（6）長期性資産の評価減	2,375	24,420
（7）少数株主損益 （△は利益）	5,505	△ 59,732
（8）売上債権の減少 （△は増加）	△ 72,604	199,266
（9）棚卸資産の増加 （△は増加）	82,573	248,601
（10）その他の流動資産の減少 （△は増加）	27,996	△ 30,694
（11）買入債務の増加 （△は減少）	162,378	△ 127,978
（12）未払法人税等の増加 （△は減少）	4,960	△ 32,379
（13）その他短期債務の増加	79,252	4,230
（14）退職給付引当金の減少 （△は減少）	16,622	△ 86,345
（15）その他	16,861	12,022
小計	698,317	76,864
Ⅱ 投資活動に関するキャッシュ・フロー		
1.短期投資の減少	10,523	21,103
2.短期投資の増加		△ 14,503
3.投資及び貸付金の減少	121,001	172,588
4.投資及び貸付金の増加	△ 80,774	△ 123,037
5.有形固定資産の購入	△ 246,603	△ 335,695
6.固定資産の売却	58,270	
7.金融債権の減少	29,158	60,731
8.定期預金の増加	96,371	29,742
9.その他	877	119,305
小計	△ 11,177	△ 69,766

科　目
Ⅰ 営業活動に関するキャッシュ・フロー
1.当期純利益 （△は損失）
2.営業活動に関するキャッシュ・フローへの調整
（1）減価償却費
（2）有価証券の売却損益 （△は利益）
（3）貸倒引当金繰入額

全項目が頭揃えだと、読み取りにくい

After

インデントで字下げする！

先頭に1文字分のスペースを入れる機能がインデントです。項目を階層化したいときに使います。［ホーム］タブの「配置」の［インデントを増やす］をクリックすると1字下がります。

科　目	2021年度	2020年度
Ⅰ 営業活動に関するキャッシュ・フロー		
1.当期純利益 （△は損失）	△ 19,453	△ 431,007
2.営業活動に関するキャッシュ・フローへの調整		
（1）減価償却費	302,141	352,890
（2）有価証券の売却損益 （△は利益）	△ 93	△ 6,160
（3）貸倒引当金繰入額	17,621	4,170
（4）法人税等繰延額 （△は増加）	19,572	△ 87,246
（5）投資有価証券の評価減	52,611	92,806
（6）長期性資産の評価減	2,375	24,420
（7）少数株主損益 （△は利益）	5,505	△ 59,732
（8）売上債権の減少 （△は増加）	△ 72,604	199,266
（9）棚卸資産の増加 （△は増加）	82,573	248,601
（10）その他の流動資産の減少 （△は増加）	27,996	△ 30,694
（11）買入債務の増加 （△は減少）	162,378	△ 127,978
（12）未払法人税等の増加 （△は減少）	4,960	△ 32,379
（13）その他短期債務の増加	79,252	4,230
（14）退職給付引当金の減少 （△は減少）	16,622	△ 86,345
（15）その他	16,861	12,022
小計	698,317	76,864
Ⅱ 投資活動に関するキャッシュ・フロー		
1.短期投資の減少	10,523	21,103
2.短期投資の増加		△ 14,503
3.投資及び貸付金の減少	121,001	172,588
4.投資及び貸付金の増加	△ 80,774	△ 123,037
5.有形固定資産の購入	△ 246,603	△ 335,695
6.固定資産の売却	58,270	
7.金融債権の減少	29,158	60,731
8.定期預金の増加	96,371	29,742
9.その他	877	119,305
小計	△ 11,177	△ 69,766

科　目
Ⅰ 営業活動に関するキャッシュ・フロー
1.当期純利益 （△は損失）
2.営業活動に関するキャッシュ・フローへの調整
（1）減価償却費
（2）有価証券の売却損益 （△は利益）
（3）貸倒引当金繰入額

インデントで1文字ずらすと、視界良好になる

121

Keyword ▶ 配置 対応アプリ ▶

微妙な位置で
不揃いが気になる…

製品番号は左揃え、製品名や価格は中央揃えです。製品名と内容量、価格の項目を上から下へ見ていくと、データの先頭位置がバラバラで微妙な不揃いが気になります。

製品価格表　　　　　　　　　　　　　　　　　　価格単位：円

分野	製品番号	製品名	カテゴリ	内容量	小売価格	会員価格	PV
スタートキット	351220	エッセンシャルフュージョン	K/V	7ml×6本	23,100	16,170	162
スタートキット	351261	エッセンシャルファミリー	K/V	7ml×10本	18,700	13,090	131
スタートキット	311132	イントロキット Bセット	K/S	7ml×3本	2,420	1,694	17
スタートキット	311114	イントロキット Sセット	K/S	7ml×3本	3,080	2,156	22
スタートキット	311197	イントロキット（3箱）	K/D	7ml×3本×3箱	13,200	9,240	92
スタートキット	311145	イントロキット（6箱）	K/D	7ml×3本×6箱	16,500	11,550	116
スタートキット	528133	オールデイズセット	N/S	7ml×5本+122ml	14,300	10,010	100
スタートキット	527874	スリーブセット	N/S	7ml×3本×122ml	12,650	8,855	89
スタートキット	528112	オフデイセット	N/S	7ml×2本×122ml	8,800	6,160	62
スタートキット	511156	TEARSコレクション Bセット	N/S	7ml×6本	8,800	6,160	62
スタートキット	511188	TEARSコレクション Sセット	N/S	7ml×10本	11,000	7,700	77
スタートキット	630320	スキンケアコレクション	H/C	1セット	15,950	11,165	112
スタートキット	630341	ヨガコレクション	H/C	7ml×3本	9,680	6,776	68
スタートキット	630397	キッズコレクション	H/C	10ml×7本	13,200	9,240	92
スタートキット	240928	T'Sマガジン 2021 Autumn	M/S	1部	330	231	2
スタートキット	240938	T'Sマガジン 2021 Autumn（10部）	M/S	10部	3,300	2,310	23
スタートキット	220568	リーダーシップカタログ	M/C	1部	550	385	4
スタートキット	220530	リーダーシップカタログ（10部）	M/C	10部	5,500	3,850	39

何となく揃っていそう。でも読みにくい

王道の基準で
文字を揃える！

文字は左揃え、数値は右揃えにする基準に従いました。製品番号とカテゴリの項目は、文字数が決まっているので中央揃えにしています。ルールに従うと、整理されて読みやすくなります。

製品価格表　　　　　　　　　　　　　　　　　　価格単位：円

分野	製品番号	製品名	カテゴリ	内容量	小売価格	会員価格	PV
スタートキット	351220	エッセンシャルフュージョン	K/V	7ml×6本	23,100	16,170	162
スタートキット	351261	エッセンシャルファミリー	K/V	7ml×10本	18,700	13,090	131
スタートキット	311132	イントロキット Bセット	K/S	7ml×3本	2,420	1,694	17
スタートキット	311114	イントロキット Sセット	K/S	7ml×3本	3,080	2,156	22
スタートキット	311197	イントロキット（3箱）	K/D	7ml×3本×3箱	13,200	9,240	92
スタートキット	311145	イントロキット（6箱）	K/D	7ml×3本×6箱	16,500	11,550	116
スタートキット	528133	オールデイズセット	N/S	7ml×5本+122ml	14,300	10,010	100
スタートキット	527874	スリーブセット	N/S	7ml×3本×122ml	12,650	8,855	89
スタートキット	528112	オフデイセット	N/S	7ml×2本×122ml	8,800	6,160	62
スタートキット	511156	TEARSコレクション Bセット	N/S	7ml×6本	8,800	6,160	62
スタートキット	511188	TEARSコレクション Sセット	N/S	7ml×10本	11,000	7,700	77
スタートキット	630320	スキンケアコレクション	H/C	1セット	15,950	11,165	112
スタートキット	630341	ヨガコレクション	H/C	7ml×3本	9,680	6,776	68
スタートキット	630397	キッズコレクション	H/C	10ml×7本	13,200	9,240	92
スタートキット	240928	T'Sマガジン 2021 Autumn	M/S	1部	330	231	2
スタートキット	240938	T'Sマガジン 2021 Autumn（10部）	M/S	10部	3,300	2,310	23
スタートキット	220568	リーダーシップカタログ	M/C	1部	550	385	4
スタートキット	220530	リーダーシップカタログ（10部）	M/C	10部	5,500	3,850	39

文字は左揃え、数値は右揃えで1の位を揃えるのが基本

122

Key word ▶ 配置   対応アプリ ▶ X

Before

セル結合があると、
編集しにくくなる…

複数のセルを1つに見せるのが
セル結合です。セル結合は他の
行や列にまたがって結合するの
で、安易にセル結合すると、表
の構成を作り直すときに手こず
ることになります。

	A	B	C	D	E	F	G	H	I	J
1	第4四半期商品別販売実績				単位：円					
2		商品名	数量	単価	金額					
3	1	青汁	2,689	1,430	3,844,984					
4	2	黒酢	287	2,420	695,024					
5	3	セルマトリックス	未集計							
6	4	禁煙草	115	880	101,376					
7	5	にがりダイエット	442	2,200	973,280					
8	6	豆乳ローション	1,011	2,310	2,335,872					
9	7	ウコン	2,213	1,078	2,385,398					
10	8	コエンザイムQ10	891	2,640	2,352,768					
11	9	AHCCプロテイン	205	2,420	495,616					
12	10	コラーゲンゼリー	1,066	1,430	1,524,952					
13	11	クミスクチン茶	未集計							
14	12	なたまめ茶	150	1,540	230,384					
15	13	ニンニク卵黄	171	1,848	316,008					
16	14	ニンニク生姜	90	1,210	108,900					
17	15	ローヤルゼリー	121	2,178	263,538					
18	16	蜂の子酵素	53	3,520	186,560					
19	17	善玉菌元気ヨーグル	35	2,475	86,625					
20	18	亜鉛デラックス	70	1,276	89,320					
21	19	セサミンMAX	55	1,078	59,290					
22	20	DHA/EPAプラス	202	4,070	822,140					
23										

セル結合した行は、並べ替えやフィルター機能が無効になる

After

後々を考えて、
セル結合をしない！

[セルの書式設定] ダイアログ
ボックスの [配置] タブの「文字
の配置」にある「横位置」ボック
スで [選択範囲内で中央] を選
択します。これで "疑似結合" が
行われます。

セル結合せずに中央揃えする

123

Key word ▶ 表示形式　　対応アプリ ▶ X

Before

未入力のセルがあるけど、間違い？

整然と並ぶ数値の中に空白セルがあると、読み手は「いいの？」「間違い？」と不安になります。自信のあるデータであっても、些細なことで信頼性が揺らいでしまいます。

	A	B	C	D	E	F	G	H
1	エリア別旅行契約実績合計						単位：千円	
2	月度	エリア	アジア	グアム	ハワイ	アメリカ	ヨーロッパ	
3		近畿	9,700	6,250	2,210	2,410	6,230	
4	4月	中部	6,550	3,670	4,250	4,250	5,540	
5		四国	2,100	1,800				
6		近畿	35,600	27,400	14,410	4,450	9,870	
7	5月	中部	15,450	9,940	10,800	6,840	12,350	
8		四国	7,990	6,060	3,550			
9		近畿	23,900	10,100	8,300	2,970	4,580	
10	6月	中部	11,870	10,300	6,860	3,500	7,530	
11		四国	5,400	4,230	1,200	550		
12	第1四半期合計		118,560	79,750	51,580	24,970	46,100	
13								
14								

空白セルがあると、要らぬ心配が出てくる

After

未入力のセルを作らないようにする！

空白の欄があると、データ操作者が「何かのミスで消してしまった？」と考えるかもしれません。無用な心配をかけないために、ゼロの値はきちんと「0」を入力しておきましょう。

	A	B	C	D	E	F	G	H
1	エリア別旅行契約実績合計						単位：千円	
2	月度	エリア	アジア	グアム	ハワイ	アメリカ	ヨーロッパ	
3		近畿	9,700	6,250	2,210	2,410	6,230	
4	4月	中部	6,550	3,670	4,250	4,250	5,540	
5		四国	2,100	1,800	0	0	0	
6		近畿	35,600	27,400	14,410	4,450	9,870	
7	5月	中部	15,450	9,940	10,800	6,840	12,350	
8		四国	7,990	6,060	3,550	0	0	
9		近畿	23,900	10,100	8,300	2,970	4,580	
10	6月	中部	11,870	10,300	6,860	3,500	7,530	
11		四国	5,400	4,230	1,200	550	0	
12	第1四半期合計		118,560	79,750	51,580	24,970	46,100	
13								
14								

ゼロは「0」として入力されていることが大事

ゼロが表示されないときは？

何らかの理由で数値のゼロが表示されないときは、[ファイル] タブの [オプション] で [Excel のオプション] ウインドウを開き、[詳細設定] の [ゼロ値のセルにゼロを表示する] がオンになっているかどうかを確認しましょう。

対応アプリ ▶ X

124 Key word ▶ 表示形式　対応アプリ ▶ X

Before

桁数の大きな数値は、それだけで読みにくい…

桁の大きな数値が並ぶと、単位の確認に気をもみます。同時に、セル内が狭まって可読性が下がります。誰もがわかるような見せ方をして、読み手の負担を減らすことが肝心です。

	A	B	C	D	E	F	G
1	売上と利益の推移					(単位：万円)	
2	年度	売上高	営業利益	営業利益率	税引前利益	当期純利益	
3	2013	459058000	51133000	11.1%	59478000	36445000	
4	2014	550207000	59860000	10.9%	60019000	35539000	
5	2015	634897000	70337000	11.1%	57172000	36629000	
6	2016	533515000	48023000	9.0%	42736000	25234000	
7	2017	514397000	72147000	14.0%	67614000	46245000	
8	2018	608389000	84511000	13.9%	72950000	46576000	
9	2019	614088000	66494000	10.8%	63062000	36251000	
10	2020	638343000	16014000	2.5%	11924000	7108000	
11	2021	787598000	77412000	9.8%	75351000	50200000	

桁数が大きいと、位を読むのに一苦労する

After

3桁区切りカンマを入れて右揃えする！

数値を美しく見せれば、データの信頼性が高まります。「3桁カンマを入れる」「右揃えする」は必須です。プレゼン資料の数値は、千円や百万円単位で表示すると好印象です。

	A	B	C	D	E	F	G
1	売上と利益の推移					(単位：万円)	
2	年度	売上高	営業利益	営業利益率	税引前利益	当期純利益	
3	2013	45,906	5,113	11.1%	5,948	3,645	
4	2014	55,021	5,986	10.9%	6,002	3,554	
5	2015	63,490	7,034	11.1%	5,717	3,663	
6	2016	53,352	4,802	9.0%	4,274	2,523	
7	2017	51,440	7,215	14.0%	6,761	4,625	
8	2018	60,839	8,451	13.9%	7,295	4,658	
9	2019	61,409	6,649	10.8%	6,306	3,625	
10	2020	63,834	1,601	2.5%	1,192	711	
11	2021	78,760	7,741	9.8%	7,535	5,020	

桁数が小さくカンマがあると、読みやすい

対応アプリ ▶ X

マイナス値はカッコで表記する

[ホーム]タブの「数値」にある[桁区切りスタイル]を使えば、一瞬でカンマ付きで表示できますが、「通貨」扱いになるので一の位がセルの右側に近過ぎます。[セルの書式設定]ダイアログボックスで右図のように設定すると、一の位の右側にスペースが入って見栄えがよくなります。また、白黒印刷がメインなら、マイナス値を赤色で表示するのではなく、カッコ付きの表示形式にしておくと、色に頼らずマイナス値が識別できるので親切です。

125 | Keyword ▶ メモ/コメント | 対応アプリ ▶ X

Before

どこが注目点なのか わからない…

数値が多く並ぶ表は、注目すべき箇所が見つけにくいです。表が何を言いたいのか、どこが大切なのかは、読み手が内容を理解して評価するしかないのでしょうか？

	順位	人数	購入金額	構成比	構成比累計	利益額	利益率	一人当たりの購入額
	デシル分析						(単位：千円)	
3	デシル1	500	22,543	33.8%	33.8%	4,750	21.1%	45
4	デシル2	500	17,280	25.9%	59.8%	3,802	22.0%	35
5	デシル3	500	9,409	14.1%	73.9%	2,832	30.1%	19
6	デシル4	500	5,725	8.6%	82.5%	1,230	21.5%	11
7	デシル5	500	3,126	4.7%	87.2%	662	21.2%	6
8	デシル6	500	2,735	4.1%	91.3%	567	20.7%	5
9	デシル7	500	2,249	3.4%	94.7%	508	22.6%	4
10	デシル8	500	1,788	2.7%	97.3%	342	19.1%	4
11	デシル9	500	931	1.4%	98.7%	203	21.8%	2
12	デシル10	500	845	1.3%	100.0%	178	21.1%	2
13	合計	5,000	66,631			15,074	22.6%	13

重要な箇所は「ここに注目！」と言って欲しい

After

注目箇所にメモや コメントを付ける！

表の一部にメッセージを表示したいときは、メモやコメント機能が役立ちます。セルをポイントすると、入力したコメントが表示され、文章が目に飛び込んできます。

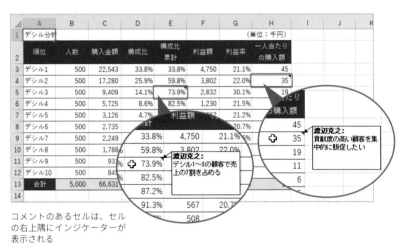

コメントのあるセルは、セルの右上隅にインジケーターが表示される

対応アプリ ▶ P W X

吹き出しでコメントを作る

Microsoft 365のエクセルでは、スレッド化された意見交換できるコメントと、本例のようなメモの2種類から選ぶことができます。パワポとワードの場合は、右図のように吹き出し図形を重ねる方法で表現できます。ただし、他のデータが図形の後ろに隠れるので、配置に注意してレイアウトしましょう。

構成比累計	利益額	利益率	一人当たりの購入額
33.8%	4,750	21.1%	45
59.8%	3,802	22.0%	35
73.9%	2,832	30.1%	19
82.5%	1,230	21.5%	11
87.2%	662	21.2%	6

126 | Key word ▶ 解像度 | 対応アプリ ▶

Before

拡大したらギザギザが目立つ…

画像はドットの集まりで表現されます。それを拡大することは、実際の解像度よりも大きな値に変更するということです。存在しない画像情報は表示できないので、ドットの目が粗くなり、ギザギザになるのは当然です。

販売チャネル開拓企画

PAに駄菓子コーナーを。

●背景
少子高齢化と消費停滞が続く現在、V字回復によって大きく売上を伸ばす特効薬はありません。現状に沿々するよりも、新しい販売チャネルを開拓する必要があります。当社が販売している駄菓子は、子供から大人まで幅広い年代に愛され続けて来ました。この実績を踏まえ、新たなお客様の目に触れる機会を増やすことで、売上増加につなげることが大事になります。

●狙い
新しい販売チャネルに提案したいのがパーキングエリア（PA）です。人が集まる。ほっと一息できる。財布のひもが緩む。PAには、多くの好都合な条件がそろっています。緊張と楽しさ、疲労と満足。帰省や旅行の途中で思いがけず出会った駄菓子は、楽しさを助長します。懐かしい駄菓子は一服の清涼剤であり、郷愁を呼び起こします。非日常のドライブの旅が一層楽しくなります。PAと観光地を意識した独自の商品を企画・開発し、話題性をもたらす新たな販売チャネルを構築して売上を伸ばしたいと思います。

粗い画像を大きく扱ってはいけない

After

できるだけ、原寸以下で使う！

写真を原寸（解像度）以上の大きさにすると、ギザギザで目の粗い画像になります。過剰な拡大は避け、できるだけ原寸以下のサイズで使うこと、縦横の比率を変えないことが重要です。

販売チャネル開拓企画

PAに駄菓子コーナーを。

●背景
少子高齢化と消費停滞が続く現在、V字回復によって大きく売上を伸ばす特効薬はありません。現状に沿々するよりも、新しい販売チャネルを開拓する必要があります。当社が販売している駄菓子は、子供から大人まで幅広い年代に愛され続けて来ました。この実績を踏まえ、新たなお客様の目に触れる機会を増やすことで、売上増加につなげることが大事になります。

●狙い
新しい販売チャネルに提案したいのがパーキングエリア（PA）です。人が集まる。ほっと一息できる。財布のひもが緩む。PAには、多くの好都合な条件がそろっています。緊張と楽しさ、疲労と満足。帰省や旅行の途中で思いがけず出会った駄菓子は、楽しさを助長します。懐かしい駄菓子は一服の清涼剤であり、郷愁を呼び起こします。非日常のドライブの旅が一層楽しくなります。PAと観光地を意識した独自の商品を企画・開発し、話題性をもたらす新たな販売チャネルを構築して売上を伸ばしたいと思います。

原寸で使えば、解像度は気にならない

127

Key word ▶ 配置　　対応アプリ ▶ P W X

Before

写真と文章が
乖離している…

文章と写真を上下に並べた、よくありがちなレイアウトです。間違いではありませんが、ビジュアルの特徴を生かして文章に説得力を持たせるには、再考の余地があります。

稼働率向上施策

Increase family stays

もっとファミリー層を！

ビジネスホテルは、男性が出張で利用するイメージがあります。駅の近くにあり、泊まるだけを目的とした、比較的料金が安くて実用的なのが特徴です。大手の格式高いホテルとは違い、簡便さが売りのビジネスホテルですが、短所も見受けられます。誰もが第一に挙げるのが、「部屋とバス・トイレが狭くて窮屈である」ということ。ただ、これも安さが売りのビジネスホテルなら許容範囲と言えます。

事の本質は、質素で泊まるだけの「無機質なイメージ」に理由があるのです。つまり、宿泊することに「楽しさ」がないのです。さりげない楽しさを加え、ファミリーでビジネスホテルを利用する人が増えるはずです。それは部屋の稼働率と宿泊人数を増やすことにつながります。新しいビジネスホテルの経営モデルを構築したいと考えます。

デザインの面白さは感じられない

After

写真と文章を
同面積にして並べる！

紙面に占める写真と文章の面積を等しくし、左右に並べてみます。これだけで2つの要素が対照されて、互いの存在を高めてくれます。対比が生む差異を上手く利用しましょう。

稼働率向上施策

Increase family stays

もっとファミリー層を！

ビジネスホテルは、男性が出張で利用するイメージがあります。駅の近くにあり、泊まるだけを目的とした、比較的料金が安くて実用的なのが特徴です。大手の格式高いホテルとは違い、簡便さが売りのビジネスホテルですが、短所も見受けられます。誰もが第一に挙げるのが、「部屋とバス・トイレが狭くて窮屈である」ということ。ただ、これも安さが売りのビジネスホテルなら許容範囲と言えます。

事の本質は、質素で泊まるだけの「無機質なイメージ」に理由があるのです。つまり、宿泊することに「楽しさ」がないのです。さりげない楽しさを加え、ファミリーでビジネスホテルを利用する人が増えるはずです。それは部屋の稼働率と宿泊人数を増やすことにつながります。新しいビジネスホテルの経営モデルを構築したいと考えます。

文章と写真が互いを引き立てている

128

Key word ▶ 配置　　対応アプリ ▶

Before

写真と文章にまとまり感がない…

紙面上のすべての要素を適度に揃えた、きっちりしたレイアウトです。でも、2つの写真と、その下に置いたキャプション（図版の説明情報）が離れていて、まとまり感がないようです。

写真の説明なのか、本文の補足なのか一見してわからない

After

写真とキャプションを近くに置く！

キャプションは、写真の近くに置くとまとまりが出ます。同時に、写真に何らかの情報を与えている意図が見えるようになります。要素間の距離が近いほど、結び付きは強くなります。

写真とキャプションの役割がはっきりする

129

Keyword ▶ 色　　対応アプリ ▶

Before

写真の色や明るさがバラバラ…

物撮りや生活のシーンなど、自分で撮影した写真を見ると、色や明るさがバラバラになりがちです。メッセージを明確にするには、写真の雰囲気を統一する必要があります。

そのまま使うと、ちぐはぐな印象になってしまう

After

写真の色味を揃える！

複数の写真の色味や暗さを統一するには、色味を揃えるのが早道です。内容に合った色を見つけましょう。本例は、モノクロ写真や懐古チックな「セピア」カラーに統一しました。

色味を揃えると、調和が生まれる

対応アプリ ▶ P W X

写真の明るさを調整する

素人が撮る写真は、どうしても暗くなりがちです。特別なフォトツールを使わなくても、明るい色味に変更できます。[図の形式]タブの「調整」にある[修整]をクリックし、「明るさ/コントラスト」の一覧から好みの設定を選びます。他の写真の色調を見て、明るさの具合を決めましょう。

明るさ：＋40%
コントラスト：＋20%

130

Key word ▶ アクセント　　対応アプリ ▶

写真の一部に注目させたい…

同じパターンを繰り返すレイアウトは、安定感があっても面白味に欠けます。また、そのままでは一部を強調して視線を誘うことはできません。アクセントを付ける工夫が必要です。

アクセントを付けて差別化する！

アクセントとは、要素の一部に差異を加えて強調する手法です。色を変えたり、かたちを変えることで変化や動きを生み出します。本例は2ページ目の真ん中だけ色を変えています。

強調したいときは、説明するしかない

色があると、特別な情報だとわかる

アクセントはスパイスだ

デザインにおけるアクセントは、スパイスの役目です。例えば、モノクロ写真の一部に色があると、読み手は「おやっ」と気に留めてくれます。また、タイトルの一部にアクセントを付けると、特定の意味を持たせることも可能です。アクセントの使い方次第で、強いメッセージが発信できるのです。

131

Key word ▶ 動き   対応アプリ ▶

Before

明るく活発な印象にしたい…

整然と並べた写真は、予想を裏切らない安心感があります
が、型にはまったレイアウトでは、躍動感や迫力は出ませ
ん。紙面を元気に見せるには、わざと整えない方法もあり
ます。

きちんと並んだ写真は安定している

After

ランダムに配置する！

きれいに整然と並べるより、要素をランダムに配置した方
が、全体が活発になり楽しい感じが出ます。本例は写真の
体裁をプリント風に変え、角度を付けて動きを出しました。

角度を変えると動きが出て、快活なイメージになる

132

Key word ▶ トリミング　　対応アプリ ▶ P W X

Before

被写体のある部分に
注目させたい…

事実や風景を写す写真は、それ1枚が完全なる情報です。ときには被写体の一部や構図の一箇所に注目させ、設定したテーマに沿ったメッセージを発したいこともあります。

元の写真をそのまま使った状態

After

トリミングで
一部にフォーカスする！

写真の一部を切り取るのがトリミングです（108ページを参照）。本例は被写体の手元にフォーカスし、トリミングでカットした部分を拡大し、「触れ合う」のテーマで訴求しました。

トリミングで手元を強調した

対応アプリ ▶ P W X

一般的な縦横比に合わせる

一般的な写真や画面表示の縦横比に合わせてトリミングすれば、歪みのない画像サイズになります。［図の形式］タブの「サイズ」にある［トリミング］をクリックし、［縦横比］から目的の比率を選択します。デジカメは以前は「4：3」でしたが、最近はハイビジョン同様に「16：9」が主流です。Lプリントや一眼レフは「3：2」を選ぶといいでしょう。

133

Keyword ▶ トリミング ┊ 対応アプリ ▶ P W X

Before

せっかくの写真なのに
伝わってこない…

「写真があるから入れた」だけの
紙面では、感動は生まれません。
トリミングを使って、被写体と
構図が持つ魅力をメッセージに
乗せて伝えなければ、写真を使
う意味がありません。

After

複数の構図を作って
表情を変える！

例えば、1枚の写真をいくつか
のシーンに切り取って並べてみ
ましょう。1つの情報が多彩な
表情を見せることで、被写体の
広がりや可能性、潜在力などの
テーマが設定できます。

ポンと挿入しただけでは、写真の魅力が引き出されない

複数の写真のように訴求できる

対応アプリ ▶ P W X

トリミング後の写真を保存する

1枚の写真からいくつかのシーンを作るには、写真をコピーして必要
なシーンごとにトリミングをするのが簡単です。トリミングした写
真は、画像ファイルとして保存しておけば管理もしやすくなります。
写真を選択し、右クリックしてメニューから［図として保存］を選択
するだけです。

134 | Key word ▶ 角版 | 対応アプリ ▶ P W X

Before

ダイナミックな印象に
したい…

写真を四角形で使う角版（かくはん）は、安定感が出る最もオーソドックスな扱い方です。情報をありのままに見せるため現実感が増しますが、ダイナミックな印象にはなりません。

せっかくの写真がイメージを膨らませてくれない

After

背景に敷いて、
臨場感を高める！

写真も紙面も画面も四角形なので、角版は収まりがいいといえます。この性質を活かし背景に写真を敷けば、ダイナミックな印象になります。写真上の文字が読めるようにしましょう。

写真が持つ躍動感が伝わってくる

135

Key word ▶ 丸版　　対応アプリ ▶

Before

被写体を
かわいらしく見せたい…

挿入した角版の写真は収まりが
いいのですが、ちょっと几帳面
すぎるところがあります。写
真の扱いやレイアウトを工夫し
て、もっとかわいく見せたいと
きがあります。

被写体だけをかわいく見せたい

After

写真を
丸版で扱う！

写真を円形に使うのが丸版（ま
るはん）です。角度がない分、
柔らかくかわいい印象になりま
す。丸版は被写体をクローズ
アップしたり、アクセントを出
す形状としてよく使われます。

円の中に被写体だけが収まった

対応アプリ ▶ P W X

被写体を正円に入れる

写真を正円で扱うには、[図の形式]タブの「サイズ」の
[トリミング]をクリックし、[図形に合わせてトリミン
グ]から[円/楕円]を選択します。その後、「図の書式設
定」で[縦横比を固定する]のチェックを外し、高さと幅
を同じ値の正円にします。さらに、できる限り図形に合
わせてトリミングする[塗りつぶし]や、全体を図形に収
まるようにする[枠に合わせる]機能で調整します。

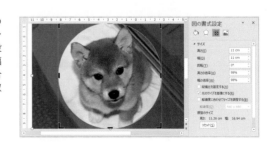

136

Key word ▶ 切り抜き　　対応アプリ ▶ P W X

Before

写真の背景を
取り除きたい…

写真の背景に写り込んだ人や
影、色が邪魔になるときがあり
ます。また、色やパターンを敷
いた紙面では、角版の形状がそ
のまま表示されると、レイアウ
トの美しさが損なわれます。

低い食料自給率

日本の食料自給率は現在38%（令和2年のカロリーベース）。この数
字は主要先進国の中でも最低の水準です。つまり、いま私たちが食
べている食べものの約6割は、海外からの輸入に頼っていることに
なります。1961年には78%もあったのですから、その凋落ぶりは顕
著です。政府は令和12年までに、カロリーベース総合食料自給率を
45%に高める目標を掲げています。

写真の角版が際立ってしまいきれいに見えない

After

対象物だけを
切り抜く！

写真からモチーフとなる対象物
だけ使うことを切り抜き（版）
といいます。被写体の輪郭をな
ぞって切り抜くため、写真に収
まっていた他の情報がなくな
り、そのかたちが強調されます。

日本の食料自給率は**38**%
主要先進国の中で最低の水準です

対象物の形状が強調されてユニークさが出る

137

Key word ▶ 切り抜き   対応アプリ ▶ P W X

Before

写真を元気に楽しく
見せたい…

複数の写真を角版で並べると、
それなりににぎやかになりま
す。被写体の特徴を活かして、
「より元気に」「もっと楽しく」
表現したいときは、どうすれば
いいのでしょうか?

サイズを変えて並べた標準的なレイアウト。悪くはないが…

After

切り抜きと図形で
よりポップな雰囲気に!

被写体を切り抜くと動きが出ま
す。さらに図形を重ねると変化
が出ます。被写体の表情と構図
に合わせて組み合わせる図形を
選び、主役が元気に見える視点
を見つけましょう。

動きと変化を加えると、ポップでカジュアルな雰囲気が出る

138

Key word ▶ 裁ち落とし　　対応アプリ ▶ P W X

Before

**写真の迫力を
ストレートに伝えたい…**

写真をメインにしたいレイアウトで角版を使うと、こじんまりした印象になってしまいます。注視させるには適当ですが、写真が持つ迫力をストレートに伝えることはできません。

普段の風景写真にしか見えない

After

**裁ち落としで
イメージを広げる！**

写真の一部を紙面からはみ出して使うのが裁ち落としです。紙面外に写真の続きがあるように感じられ、空間的な広がりを生みます。一方向だけ裁ち落とす方が効果的な場合もあります。

車の重厚感や混雑具合が目の前に広がってくる

139

Key word ▶ 余白　　対応アプリ ▶

Before

**写真をメインで
訴求したい…**

写真の強さでメッセージを伝え
たい。そうは言っても、多くの
写真を使えばいいわけではあり
ません。とらえどころのない、
にぎやかなだけのレイアウトに
なってしまいます。

要素が盛りだくさん。目移りしてしまう

After

**周囲に余白を入れて、
引き立てる！**

余白を使うと、ゆとりと緊張感
を作り出せます（118ページを
参照）。写真や文章の周りに余
白を作ると、それらの存在が目
立つようになります。余白でセ
ンスアップさせましょう。

1つの写真と余白できれいなデザインになる

140 | Key word ▶ 袋文字 | 対応アプリ ▶ P W X

Before

写真の上の文字が
読めない…

背景が写真や明度の差が大きい
配色の場合、文字を太くしても
色を変えてもはっきり読めない
ことがあります。写真の上の文
字を活かして、くっきり見せる
解決策が欲しいところです。

写真の色や構図によっては、文字が読みにくくなる

After

文字を袋文字に
変更する！

文字の輪郭を縁取りする袋文字
にすると、はっきり見えるように
なります。袋文字は、大きな
文字のタイトルやキーワードを
くっきりさせて、読みやすくす
るときに使います。

袋文字にすると、可読性が上がる

対応アプリ ▶ P W X

袋文字の輪郭線を細くする

袋文字の設定は、太いフォントを選択した上で、次の手順で行います。

1 袋文字にしたい文字を選択。
2 [図の書式] タブの「ワードアートのスタイル」から
  [文字の輪郭] をクリック。
3 色や太さを選択する。

袋文字は文字の輪郭に沿って線を描くため、その線量だけ文字が細くなります。できるだけ細い線を選んでください。また、しっかり文字を読ませたい場合は、文字の下に半透明の図形を敷く方法もあります。最適な方法を試してみましょう。

見せるグラフでメッセージの説得力を高めた企画書

グラフに縦軸や凡例を入れても、メッセージが強く映ることはありません。メッセージに関係しない情報を削り、超シンプル化したグラフの方が、ポイントが明確になります。「約18倍」といったように、伝えたいメッセージを一言で表すのがベスト。誤読がなくなり端的に伝わります。

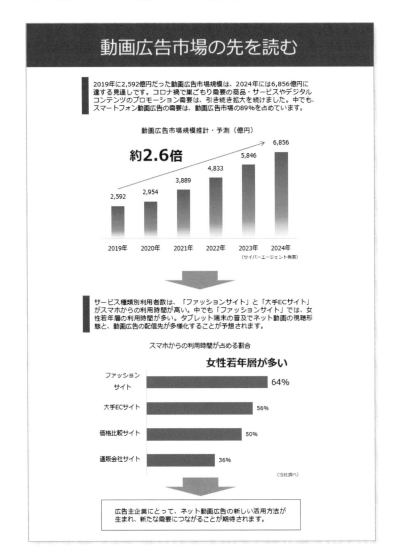

異なる2つの書体を使って、「男女」を印象付けた企画書

書体の選択は、紙面の雰囲気を左右する大切なポイントです。柔らかな游明朝は女性的なイメージを伝え、堅めの游ゴシックは男性的なイメージを伝えます。本例は、左右の本文で2つのフォントを使い分けています。書体が持つ雰囲気を紙面に反映させたシンメトリーなレイアウトです。

狙い ▶ ニーズの違いを鮮明にする

機能的

美的価値より機能性！
男性に対しては、機能性と価格を訴求する

　何といっても大切なのは見た目。女性はカラフルな色やスタイリッシュなフォルムに惹かれるもの。でも手の込んだ造形美ではなく、あくまでも「自然で美しいカタチ」です。強く主張せずとも存在感がある。気づくとちょっと気になってしまう。そんな、何気なく日常の生活に溶け込むデザインが好まれます。
　もう一つは、当社ならではのユニークさがあるかどうか。「これは面白い」「今までにない発想だ」「エッジが効いている」そんな当社ならではのセンスが、どの商品からも感じられることが大切です。これまで女性層の支持を得てきた商品のほとんどから、そうした声が聞かれます。
　デザインに関しては、内部のデザイナーだけでなく、各方面で活躍する気鋭のデザイナーとのコラボレーションも継続すべきです。購買力があり流行に敏感な30代を中心に、デザイン性と楽しさのある商品を訴求します。

　使う人のニーズに応えた機能性があるかどうか。男性の多くが求める視点です。美しさや楽しさよりも、使う人の日常生活を便利にできるものかどうかを求めます。
　商品開発において、当社は一般家庭のリアルな生活習慣や解決すべき問題点、必要とされているものを継続して調査しています。生活の中で生じる興味や不便を吸い上げ、それを商品開発に反映することが、機能性の高い商品を生みます。シビアに評価される機能性は注力すべき分野です。
　同時に、手頃な価格は当社の大きな魅力の一つです。商品の梱包、輸送方法、素材の研究と加工技術の開発など、資材の調達から製造まで見直しが求められる工程は、多岐にわたります。
　他社に先駆けて低価格を実現した当社の実績は、今後より追求すべきカテゴリーです。機能性の追求と製造原価の削減は、市場で競争力を高める必須のノウハウでもあります。

機能性より美的価値！
女性に対しては、デザイン性と楽しさを訴求する

装飾的

▶ 3

Complete Example 　完成例3　説明資料

内訳を示す円グラフと拡大を伝える
図解が主役の説明資料

冗長になりがちな説明文を回避した見せる図解のレイアウトです。現在の基盤技術を中央に、新規事業領域を周りに置いた円グラフは、中核技術から派生技術への進展を表しています。一文とキーワードでまとめた簡潔な事業内容はわかりやすく、言外に含んだ情報も知りたくなります。

214

写真と図形でビジュアル化した
見て読んで楽しい社内資料

アンケートや取材で得た人の声は、並べただけでは陳腐な文字情報です。それをボードに貼り付けたり写真を添えたレイアウトにすると、リアル感が生まれます。何ページにもおよぶ資料の場合、最初の1ページをビジュアル化するだけでも、意図するメッセージを強めることが可能です。

新入社員諸君へ

社会に飛び出した諸君。
大きな希望を抱えて、
わが社の職場へいらっしゃい。
私たちが心よりお待ちしています。

会社に入ったら「これをやりたい」という部分を見つけることが大切です。わからないことはどしどし聞いてください。一緒に頑張りましょう。
経理部　吉岡 陽菜

元気な人。相手を思いやれる人。努力できる人。そんな後輩と一緒に仕事をしたいですね。私は常に笑顔で相手に接するように心がけています。
営業部　近藤 真一

社内外の方々と関わる部署ですので、好奇心旺盛な人に向いている部署かもしれません。新しいことに挑戦する楽しみが感じられる会社ですよ。
企画部　前田 美咲

周囲に惑わされることなく、仕事と社会に対する自分の考え方をきちんと持つようにしましょう。皆さんとお会いできる日を楽しみにしています。
システム部　深津 可奈

当社はルート営業です。まずは、お客様との人間関係を築くことがとても大切です。とにかく人と接するのが好きな人にお勧めの職場です。
営業管理部　中野 瑛太

初めは、何をしていいのかわからずに大変でしょう。先輩方に質問し、少しずつ自分が出来ることを増やしましょう。必ず仕事が楽しくなります。
総務部　服部 彩音

ダイナミックなグラフと数値が目を引く
直感的な説明資料

各要素をグラフと数値、見出しの3点セットで紙面構成した会社の説明資料。直感的でダイナミックに伝わるように文章を排除しました。表紙に使ってもよいですし、一部をページ資料の共通ビジュアルとして使用することもできます。本例は、エクセルで作ったグラフを図版扱いでパワポのスライドに貼り付けています。

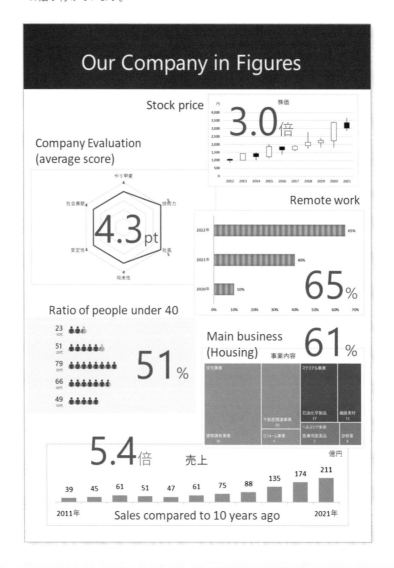

余白の美しさを活かした
落ち着いた雰囲気のページ企画書

密集した部分と何もない部分を意図的に作り、他要素とともに重さと軽さの
バランスを図りました。美しい余白は、じっくり読ませる落ち着いた雰囲気
のデザインを作っています。ワードで作る場合は、左側の印刷余白を多く
取って、そこに項番号やタイトルのテキストボックスを配置するとよいで
しょう。

3

Background

コロナ渦と
新生活の狭間で
高まる自転車需要

世界で増える自転車の利用

手軽なレクリエーションとして根強い人気が
ある自転車ですが、現在は、新型コロナウイ
ルスの感染リスクの低い交通手段として注目
を集めています。自転車は公共交通機関を使
わずに移動できる上、外出自粛による運動不
足の解消にも一役買うことから、世界的に利
用者が増えています。

政府が打ち出した「新しい生活様式」のひと
つとしても、公共交通機関と自転車の併用を
推奨しています。WHO（世界保健機関）は、
身体の免疫力を向上させるために、適度な運
動としてサイクリングを推奨しています。

業界を見ると、世界的なシェアを持つ自転車
の部品メーカー「シマノ」は、2020年の売
上高は前年より4.1％増えて3780億円、最終
的な利益は22.5％多い634億円となりました
また、自転車専門店を展開している「あさ
ひ」も、2021年2月期の売上高、純利益とも
に過去最高を更新しています。

新車総販売台数

単位：万台

2015年	2016年	2017年	2018年	2019年	2020年
802	779	767	703	712	718

出所：一般財団法人 自転車産業振興協会
「自転車国内販売台数調査 年間総括」より

自転車市場は拡大する

自転車の新車総販売台数は、2018年から大
きく回復しています。小売店に目を向けると、
通常の電動アシスト自転車や、「e-バイク」
と呼ばれるスポーツ車の売れ行きが好調です。
アクティブ派には、クロスバイクやロードバ
イクといったタイプが人気です。部品の供給
が追い付かないケースもあり、商品によって
は1年以上待ちの状態も生じています。

新型コロナウイルスの感染拡大が長引けば、
「密」を回避する移動手段として、自己の健
康を維持する手段として、当分の期間におい
て、この自転車需要は続くことでしょう。

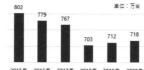

3

アイコンを大胆に拡大して
主旨を正確に伝える案内チラシ

1種類のアイコンで内容を整理・訴求した案内チラシです。Microsoft 365などのアイコンは、拡大しても画質は劣化しませんので、上部に大胆に配置してみました。本文を除いて赤色だけの配色と緩急を付けた余白、そして要素の1ミリのズレも許さない整列が印象的なレイアウトです。

適度な運動とストレスの関係
ストレスは、こころや身体を守る防衛反応です。軽いダンスやランニングをはじめ、ストレッチやヨガもストレス緩和に適した運動です。生活の幅と質を高める運動を学びます。
▶時間20分・NSCA-CPT有資格 松本淳一

高血圧と毎日の健康管理
自覚症状がない高血圧は、痛みがないために放置しがちですが、心臓病や脳梗塞の原因となる重大な病気です。高血圧の最新予防法とこの病気との上手な付き合い方を学びます。
▶時間20分・千代田大学医学部准教授 林圭司

100歳まで歩く筋力づくり
「歩く」ことは筋への負荷は少ないのですが、反復回数を増やせば筋力の維持・向上につながります。肥満の解消、糖尿病の改善、高血圧の予防につながる正しい歩き方を学びます。
▶時間20分・理学療法士 河北健太郎

主催：株式会社ポップネス
後援：健康カルチャーセンター
運営：ヘルスウェルコンサルティング
URL：www.popness.co.jp

本書の使い方／サンプルファイルについて

本書で紹介している作例ファイルは、ソーテック社のホームページからダウンロードできます。ダウンロードしたファイルを使い、パワポやワードなどを実際に操作することで本書の内容がより理解でき、効率的にテクニックをマスターできます。詳細につきましては、同社のサポートページをご覧ください。

■ **本書のサポートページ**

http://www.sotechsha.co.jp/sp/1290/

■ **パスワード**

TTWRdsgn

※半角英数モード。大文字／小文字は正確に入力してください。

- 本書に記載されている解説およびサンプルファイルを使用した結果について、筆者および株式会社ソーテック社は一切の責任を負いません。個人の責任の範囲内にてご使用ください。また、本書の制作にあたっては正確な記述に努めていますが、内容に誤りや不正確な記述がある場合も、当社は一切責任を負いません。

- 本書に記載されている解説およびサンプルファイルの内容は、ワード・パワポ・エクセルの機能とデータ操作の解説を目的として作られたものです。特段の表記がない文章やデータは架空のものであり、特定の企業や人物、商品やサービスを想起させるものではありません。

- 本書は、ワード・パワポ・エクセルの基本的な操作について一通りマスターされている方を対象にしています。アプリの具体的および詳細な操作解説はしていませんので、初心者の方は、本書の前に他の入門書を読まれることをお勧めします。

- サンプルファイルは、Microsoft 365 とワード・パワポ・エクセル 2019/2016 で利用できます。ただし、使用しているパソコンの環境によっては、再現できない機能やフォントがあり、権利の関係上で提供できない写真やフォントがありますので、あらかじめご了承ください。

■ **本書で使用した画像があるサイト**

フリー素材サイト「ぱくたそ」(https://www.pakutaso.com/)
クリエイティブコモンズの画像 (https://creativecommons.org/)
「写真素材 足成」(http://www.ashinari.com/)
無料の写真素材サイト「Unsplash」(https://unsplash.com/)
無料人物写真素材の「model.foto」(https://model-foto.jp/)
無料の写真素材「pexels」(https://www.pexels.com/ja-jp/)
ゆんフリー写真素材集 (http://www.yunphoto.net/jp/)
フリー素材のサイト「BEI Zimages」(https://www.beiz.jp/)
フリー写真素材サイト「girlydrop」(https://girlydrop.com/)
著作権フリー画像素材集「パブリックドメインQ」(https://publicdomainq.net/)
総合素材サイト「ソザイング」(http://sozaing.com/)
2000 ピクセル以上のフリー写真素材集 (https://sozai-free.com/)
無料素材サイト「フリー素材ドットコム」(https://free-materials.com/)

Purpose Index（目的別索引）

Term Index （用語索引）

■ 著者紹介

渡辺克之 （わたなべかつゆき）

テクニカルライター。コンサル系SIer、広告代理店、出版社を経て1996年に独立。エディトリアルデザインを中心に出版書籍の企画と制作、執筆で多くの経験を積む。企業取材や販促企画の分野でも活動。OfficeアプリとWindows、VBAを実務に活かす視点から解説した書籍の執筆は、本書で50冊目になる。ソーテック社の「伝わる」シリーズは、多彩な実例を盛り込んだ図解書として好評を得ている。同社の直近の著作に「世界一やさしい プレゼン・資料作成の教科書 1年生」（2020年）がある。資格と趣味はITパスポート、サッカー、歴史・経済小説。

〈伝わるシリーズ〉

「伝わる」のはどっち？ プレゼン・資料が劇的に変わる デザインのルール（2019年）
「伝わる資料」PowerPoint 企画書デザイン（2018年）
「伝わるデザイン」Excel 資料作成術（2017年）
「伝わるデザイン」PowerPoint 資料作成術（2016年）
「伝わる資料」デザイン・テクニック（2015年）

増補改訂版「伝わる資料」デザイン・テクニック

2021年9月30日　初版　第1刷発行

著者	渡辺克之
装丁	植竹裕
発行人	柳澤淳一
編集人	久保田賢二
発行所	株式会社　ソーテック社
	〒102-0072　東京都千代田区飯田橋 4-9-5　スギタビル 4F
	電話（販売専用）03-3262-5320　FAX 03-3262-5326
印刷所	大日本印刷株式会社

本書のご感想・ご意見・ご指摘は
http://www.sotechsha.co.jp/dokusha/
にて受け付けております。Web サイトでは質問は一切受け付けておりません。